WILEY
做中学丛书

101个地球小实验

Janice VanCleave's Earth Science for Every Kid

【美】詹妮丝·范克里夫 著　林文鹏 译

上海科学技术文献出版社
Shanghai Scientific and Technological Literature Press

图书在版编目（CIP）数据

101 个地球小实验 /（美）詹妮丝 · 范克里夫著；林文鹏译．—上海：上海科学技术文献出版社，2015.1

书名原文：Janice VanCleave's Earth Science for Every Kid
（做中学）

ISBN 978-7-5439-6463-1

Ⅰ．① 1… Ⅱ．①詹…②林… Ⅲ．①地球科学—实验—少儿读物 Ⅳ．① P-33

中国版本图书馆 CIP 数据核字（2014）第 289205 号

责任编辑：石　婧
装帧设计：有滋有味（北京）
装帧统筹：尹武进

101 个地球小实验

[美]詹妮丝 · 范克里夫　著　林文鹏　译
出版发行：上海科学技术文献出版社
地　　址：上海市长乐路 746 号
邮政编码：200040
经　　销：全国新华书店
印　　刷：常熟市人民印刷有限公司
开　　本：650×900　1/16
印　　张：13. 25
字　　数：148 000
版　　次：2015 年 1 月第 1 版　2019 年 3 月第 3 次印刷
书　　号：ISBN 978 - 7 - 5439 - 6463 - 1
定　　价：20. 00 元
http://www. sstlp. com

目　录

Ⅰ. 宇宙中的地球

II. 岩石与矿藏

III. 地壳运动

IV. 会变魔术的风和水

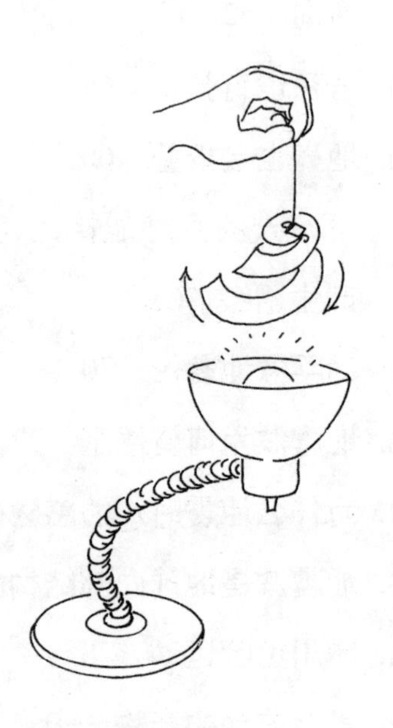

V. 神奇的空气

Ⅵ. 爱变脸的天气

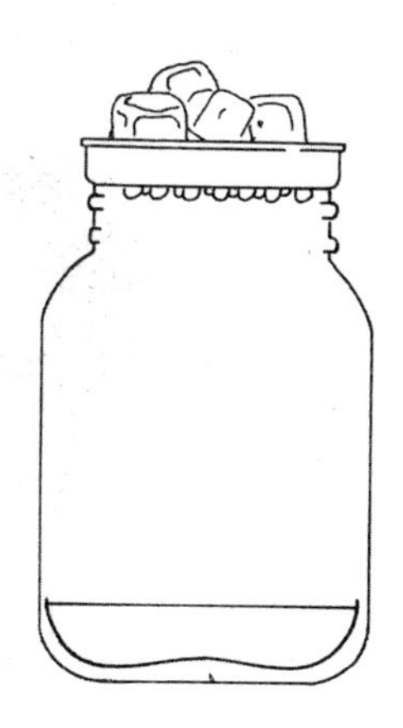

Ⅶ. 神秘的海洋

Ⅰ. 宇宙中的地球

1. 地球为什么变扁了

你将知道

地球为什么是一个“两极稍扁,赤道略鼓”的椭球体。

准备材料

一张40厘米长的白纸,一把剪刀,一个打孔器,一把尺子,一瓶胶水,一支铅笔。

实验步骤

① 剪两条3厘米×40厘米的纸条。

② 将两张纸条的中心垂直交叉,用胶水粘成“十”字形。

③ 把纸条的四端叠在一起,用胶水粘好固定后就变成了一个球体。

④ 等胶水晾干。

⑤ 在纸条四端相叠的中心部位,用打孔器打一个孔。

⑥ 把铅笔插入孔里约5厘米深。

⑦ 用双手夹着铅笔来回搓,从而使纸条旋转起来。

实验结果

当纸条在旋转时,球体的顶端和底端会变得稍扁,而中间部分则略为鼓起。

实验揭秘

纸条旋转时产生的离心力会使球体的中心部分向外运动，从而使球体的两端变得扁平。与其他旋转中的球体一样，长期定向旋转的地球变成了一个两极稍扁，赤道略鼓的椭球体，而不是一个正球体。因此，地球的赤道半径(6378.1 千米)比极半径(6356.8 千米)长了 21.3 千米。

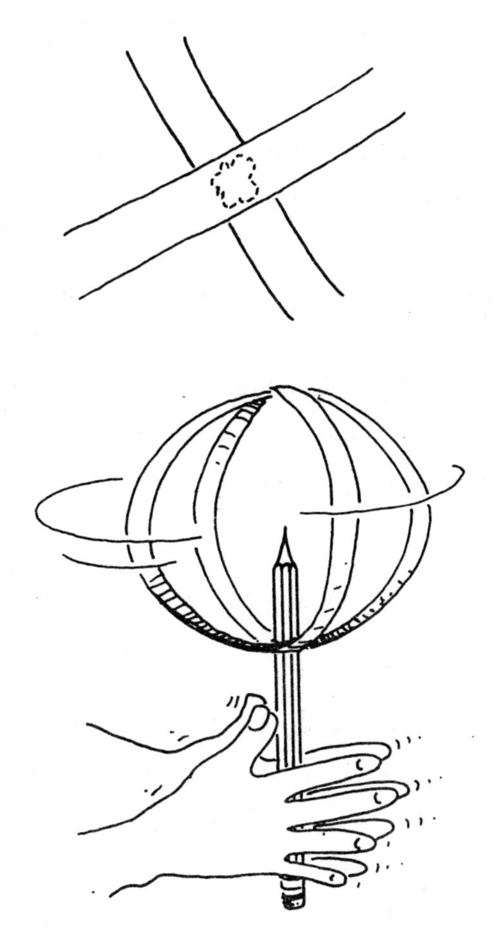

2. 地球是怎样运动的

你将知道

地球是怎样绕着地轴运动的。

准备材料

一块橡皮泥，一根两端尖的牙签。

实验步骤

① 把一块橡皮泥搓成弹珠般的小球。

② 把牙签插入并通过橡皮泥小球的中心，使牙签的尖端露出来。

③ 将牙签短的那一端立在桌子上。用手指捏着牙签长的那一端使之转动。

④ 观察牙签上端的运动轨迹。要注意的是，如果牙签没有通过橡皮泥小球的中心，或者橡皮泥小球不够圆，橡皮泥小球就不容易旋转起来。

实验结果

当橡皮泥小球旋转时，牙签的上端会沿着圆形轨迹运动。

实验揭秘

由于橡皮泥小球不够圆，所以当它在旋转时，重心会移动。与这个橡皮泥小球相似的是，地球两极稍扁，赤道略鼓，并不是很圆。所以地球在旋转时，它的地轴（通过地心，连接南北两极的假想直线，这个实验中的牙签就相当于地轴）会沿着圆形轨迹缓慢旋转。这种运动就叫做“岁差”。当橡皮泥小球旋转时，牙签的上端会随着小球的旋转画好多次圆。但是对地球来说，地轴要画一个完整的圆，则需要两万六千年。

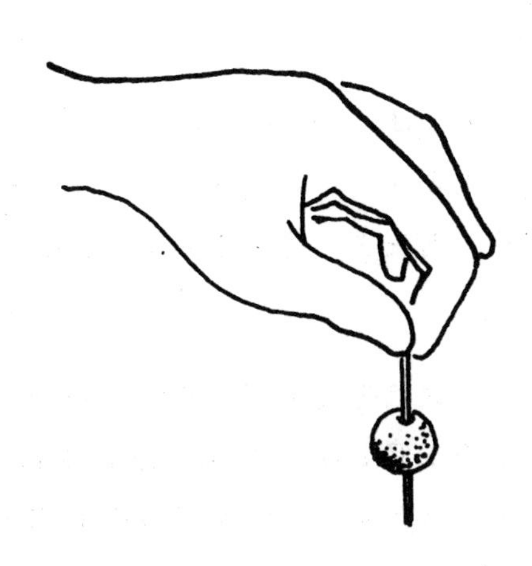

3. 地球的转动为什么是摇摇晃晃的

你将知道

地球的物质组成是如何影响到地球的运动的。

准备材料

一支笔,一个生鸡蛋,一个熟鸡蛋。

请注意:请大人帮忙将一个鸡蛋煮熟。在接触了生的禽蛋之后,一定要记得及时洗手。因为生的禽蛋会携带有毒的细菌。

实验步骤

① 把生鸡蛋和熟鸡蛋放在室温下约20分钟。

② 用笔在蛋壳上写上数字:熟鸡蛋为1,生鸡蛋为2。

③ 将两个鸡蛋放在桌子上转动,不要让它们相碰。

实验结果

熟鸡蛋会很容易地转起来,并且能转动一段时间;而生鸡蛋只会摇摇晃晃地旋转,并很快就会停下来。

实验揭秘

鸡蛋里面的物质状态不同,就会影响到它的旋转状态。熟鸡蛋的蛋白和蛋黄都是固体,能和蛋壳按照一样的速度一起转动。而生鸡蛋里面的蛋白和蛋黄都是液体,虽然蛋壳的旋转也能使里面的液体旋转,但是里面的液体转动得慢。液体的旋转速度跟不上蛋壳的旋转速度,就会使得生鸡蛋摇摇晃晃地转动,并很快就停下来。地球的内部组成中,地幔(位于地壳和地核之间的地层)的一部分和地核的外核都是液态的物质,所以地球会和生鸡蛋一样，摇摇晃晃地转动。只不过地球的这种摇晃是很微小的，需要相当长的时间才会显现出来。

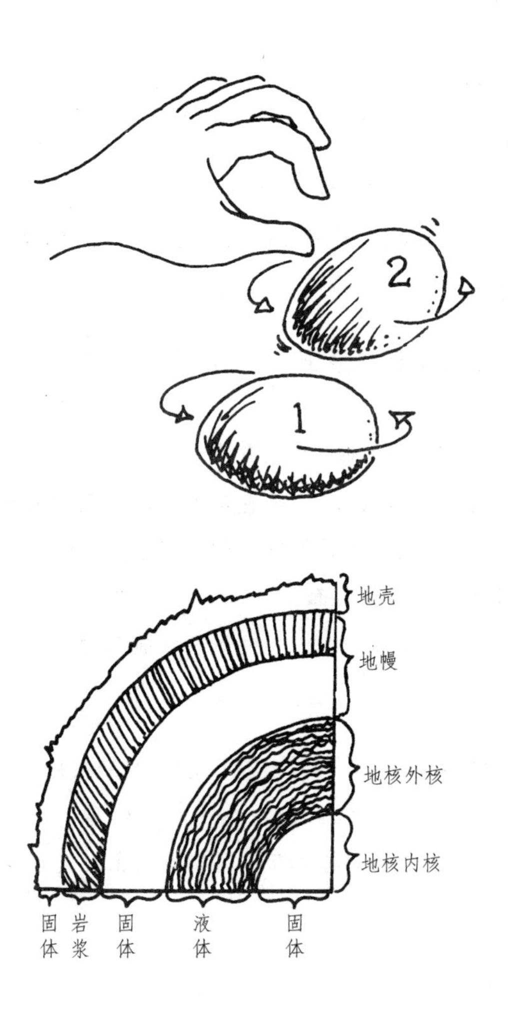

4. 为什么会有白天和黑夜

你将知道

地球昼夜更替的原因。

准备材料

一把手电筒，一件暗色的衣服，一面小镜子。

注意：必须在晚上或者黑暗的屋子里做这个实验。

实验步骤

① 把手电筒放在桌上，打开开关，关掉别的光源，使屋子变暗。

② 穿上暗色的衣服，站在离手电筒约30厘米的地方。

③ 人慢慢地向左转动，一直转到背对手电筒的方向。

④ 拿起小镜子，并调整镜子的角度，将背后照来的光线反射到你的衣服前面上。

⑤ 当转动身体的方向时，观察衣服前面的光线变化。

实验结果

当你面对着手电筒向左转时，光线会在衣服上向右移动。当你背向手电筒时，衣服前面的光线则会变暗。用手电筒反射在衣服上的光线要比手电筒直接照在衣服上的光线暗一些。

实验揭秘

在这个实验中，衣服相当于是地球，小镜子相当于是月球，手电筒则相当于是太阳。转动身体就像是地球以地轴为中心在自转。由于地球是自西向东转动的，地球上接收的太阳光线也会随着地球的自转而变化。地球向着太阳的一面是白天。而在地球背对太阳的那一面,则是夜晚。夜晚,当月球处在能反射太阳光线的位置上时,我们就能看到月亮,夜晚也会亮一些;如果月球的反射光不在对着地球的位置上,这时的夜晚则会很暗。

5. 为什么会有四季的变化

你将知道

形成不同季节的原因。

准备材料

将橡皮泥搓成一个苹果般大小的球,两支带橡皮擦的铅笔,一把手电筒。

实验步骤

① 将一支铅笔插入橡皮泥球的正当中。

② 用另一支铅笔在橡皮泥球的中间画出赤道线。

③ 把橡皮泥球放在桌子上,让铅笔有橡皮擦的一端靠右。

④ 打开手电筒的开关,在暗的房间里把手电筒放在橡皮泥球左边约 15 厘米的地方。

⑤ 观察手电筒的光线照射在球的哪个部分。

⑥ 把手电筒放到橡皮泥球右边约 15 厘米的地方。

⑦ 观察手电筒的光线照射在球的哪个部分。

实验结果

当铅笔有橡皮擦的一端背对手电筒时,赤道的下面部分更亮;当铅笔有橡皮擦的一端朝向手电筒时,赤道的上面部分更亮。

实验揭秘

在这个实验中,铅笔代表着地球的假想地轴。赤道以上的部分是北半球,赤道以下的部分则是南半球。当地轴倾向太阳时，北半球最暖和。这是因为有较多的阳光直射在这个区域上。在地轴远离太阳时，南半球会接收较多的太阳直射光线，因此也变得温暖。当地球在绕着太阳公转时，地轴对着太阳的方向会稍微变动，因此南半球和北半球接收的太阳直射光线的量也会不同。这就是四季变化的原因。

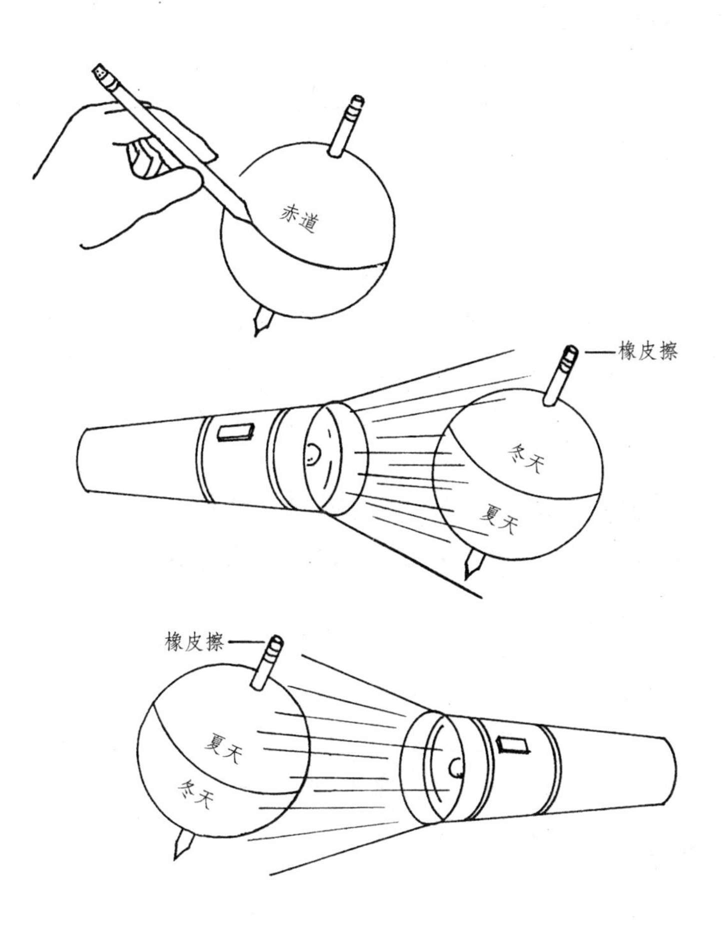

6. 岩石圈有多重

你将知道

大气圈、水圈、岩石圈的质量差距。

准备材料

1 枚大回形针，一个纸板（10 厘米 × 30 厘米），两根橡皮筋，一支铅笔，一只纸杯（210 毫升），一条绳子（30 厘米长），一把尺子，一杯泥土。

实验步骤

① 用回形针夹住纸板长的一端。

② 把两根橡皮筋连在一起，然后勾在回形针上。

③ 用铅笔在纸杯杯口附近穿两个相对的洞。

④ 用绳子穿过橡皮筋，两端分别系在杯口边缘相对的两个洞上。

⑤ 垂直竖起纸板，让杯子自由地挂在上面。

⑥ 以橡皮筋的连结处为基点，在纸板上做个记号，写上“空气”。

⑦ 将杯子装满水。

⑧ 在橡皮筋的连结处作记号，写上“水”。

⑨ 把水倒掉，然后装满土。

⑩ 在橡皮筋的连结处作记号，写上“土”。

实验结果

将同等体积的空气、水和土的质量相比，就可以看出空气最轻，泥土最重。

实验揭秘

这个实验中使用的泥土并不包括岩石圈内已发现的所有成分。岩石圈是指地球上除空气(大气圈)及水(水圈)以外的地球圈层。这个实验揭示的是,泥土比水或空气都重。如果大气圈、水圈、岩石圈的质量可以测量的话,岩石圈占了地球绝大部分的质量(占99.97%),大气圈的质量最小(占0.00009%),水圈的质量居中(占0.024%)。

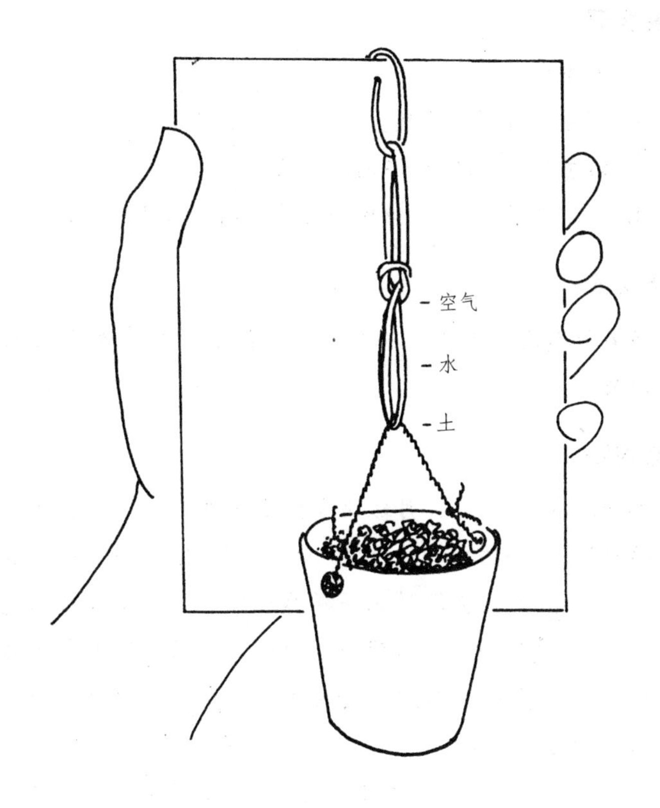

7. 日蚀到底是怎么回事

你将知道

日蚀是怎样发生的。

准备材料

1 只网球,1 颗弹珠。

实验步骤

① 左手拿着网球。

② 将左手臂往前伸直。

③ 右手拿着弹珠,放在网球前面。

④ 闭上左眼,然后把弹珠慢慢地移向你张开的右眼。

实验结果

随着弹珠慢慢地移向右眼,网球会渐渐地看不清楚,最后会完全消失。

实验揭秘

弹珠比网球小,正如月球比太阳小。弹珠与月球在靠近观察者的时候,都会挡掉从对面发来的光。因此,当月球运行在太阳和地球之间时,就会像弹珠一样遮住阳光。太阳被月球遮住的现象,就叫做“日蚀”。月球绕地球一周大约要花 1 个月的时间,但日蚀并不是每个月都会发生的。由于月球的轨道并不是沿着赤道方向的,而是有一点倾斜,所以在大部分时候,月球的影子不会映在地球上。每年日蚀发生的次数不会超过 3 次。

你知道吗? 月蚀又称月食,是月球运行进入地球的阴影时,原本可以被太阳照亮的部分，有部分或全部不能被直射阳光照亮，使得位于地球的观测者无法看到普通的月相的天文现象。月食发生时，太阳、地球、月球恰好或几乎处于同一条直线上，因此月食必定发生在满月的晚上（农历十五至十七）。但并不是每个满月时，都会发生月食。月食分为月全食、月偏食、半影月食这3种类型。

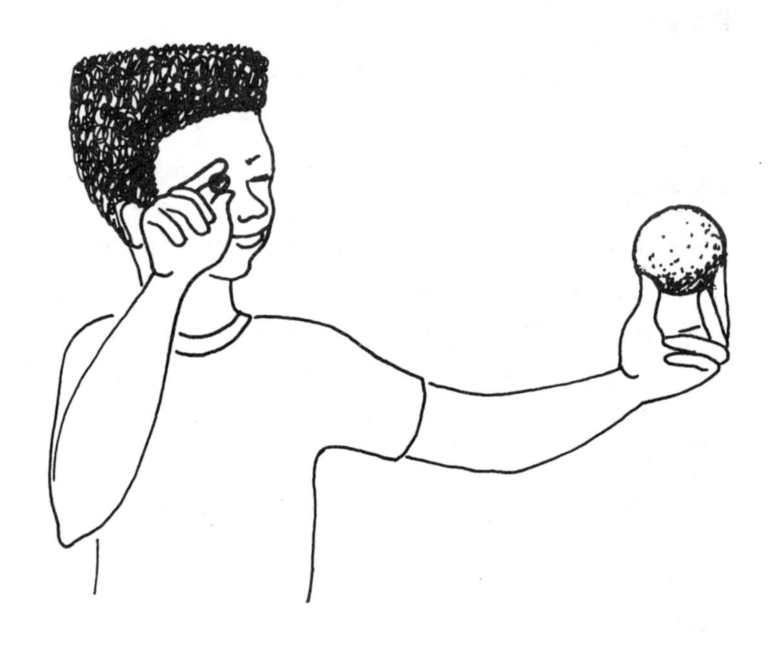

Ⅱ. 岩石与矿藏

8. 盐床是如何形成的

你将知道

盐床(盐层)是如何形成的。

准备材料

一只玻璃碗(两升),一只量杯(250 毫升),一把汤匙(15 毫升),一些食盐。

实验步骤

① 在玻璃碗内加入一量杯(250 毫升)的水和 4 汤匙(60 毫升)的食盐,搅拌至盐完全溶化。

② 将这碗水静置,直到碗里的水分全部蒸发。这可能要 3 ~4 周的时间。

实验结果

玻璃碗底会出现立方体结晶,而在碗壁则会出现白色的霜状物质。

实验揭秘

盐床被认为是由浅水池中的水蒸发而来的。这种浅水池临近大海,当海水涨潮进入低洼地带,这里就成为浅水滩;当它与大海隔离开来,就成为海边附近的浅水池。这种浅水池的水就像实验中碗里的盐水那样,会慢慢蒸发,然后留下透明的立方体结晶，这就是岩盐，它可以开采或收集以用作食盐。至于碗壁的白色霜状物质，则是因为：当水分蒸发太快时，盐分子来不及凝聚在一起形成立方体结晶，就变成霜状物残留在碗壁。也就是说，当盐分子不规则沉淀时，就会形成霜状的结晶。

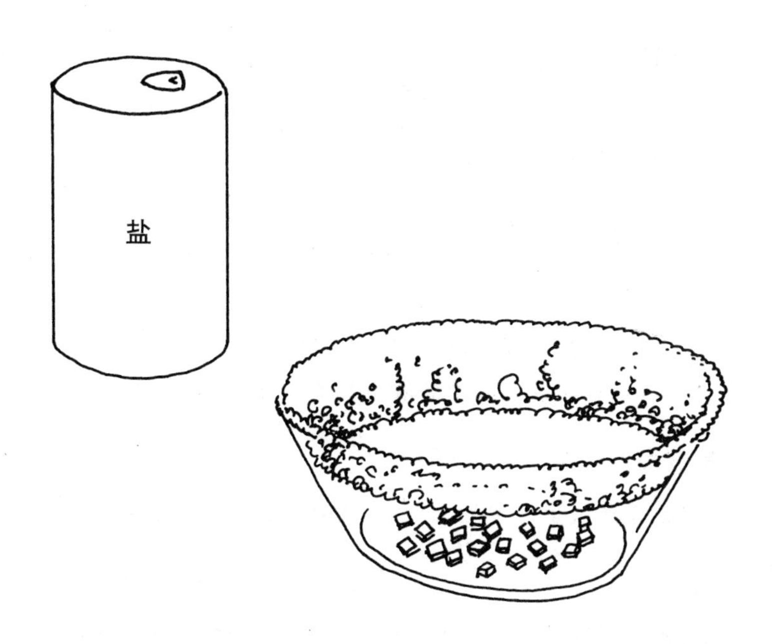

9. 针状物质结晶

你将知道

物质是怎么结晶的。

准备材料

一只量杯(250 毫升),一些泻盐(硫酸镁),一把汤匙(15 毫升),一把剪刀,一张黑纸,一个广口瓶的瓶盖。

实验步骤

① 用剪刀将黑纸剪出一个圆形,圆的大小以刚好可放进广口瓶的瓶盖内为宜。

② 将量杯装满水。

③ 往量杯的水中加入 4 汤匙(60 毫升)的泻盐,然后搅拌均匀。

④ 将量杯里的溶液倒少许到广口瓶盖内,浅浅地铺一层。

⑤ 将广口瓶盖及其中的溶液静置一天。

实验结果

在广口瓶盖里的黑纸上,会有长针状的结晶体出现。

实验揭秘

当水分慢慢地从溶液中蒸发时,泻盐分子会慢慢地靠近,开始按照有秩序的模式排列起来,最终会形成长长的针状结晶体。盐分子就像垒砖一样聚集在一起,盐分子的形状就决定了结晶体的形状。

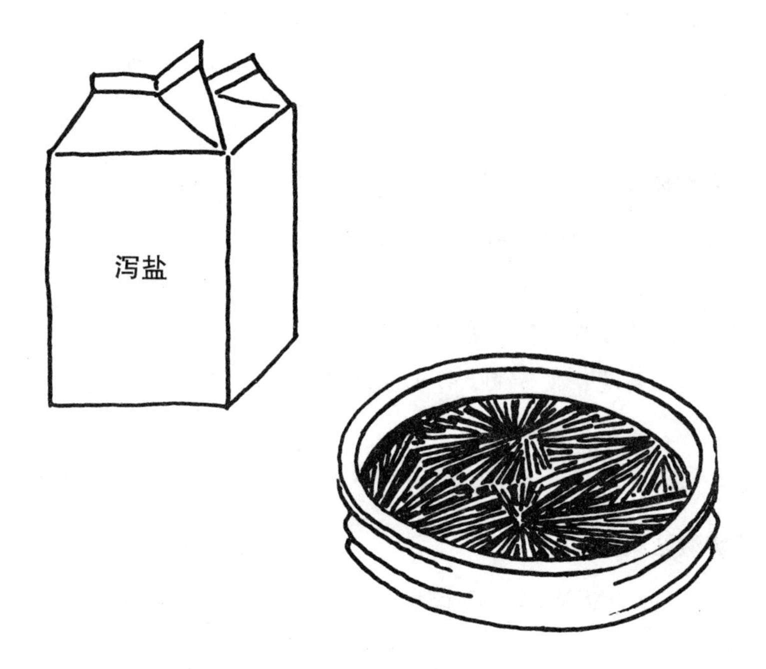
泻盐

10. 石灰岩是怎么形成的

你将知道

石灰岩是怎么形成的。

准备材料

一些石灰(用空的食品罐装),一只广口瓶(1 升),一把茶匙(5 毫升),一卷胶带纸,一支签字笔。

实验步骤

① 往广口瓶里倒入半瓶水。

② 往广口瓶里加入半茶匙(2.5 毫升)石灰,搅拌均匀。

③ 将胶带纸竖着贴在瓶子上。

④ 用笔在胶带纸上作记号,记下水面所在的位置。

⑤ 将广口瓶静置。

⑥ 每天观察石灰水的水面位置。连续观察两个星期。

实验结果

水面会慢慢下降,而在瓶子的内侧,水面的上方,会形成一层白色的硬壳。

实验揭秘

和装在瓶子里的石灰水一样,地下水里含有大量的矿物质,比如钙。当空气中的二氧化碳溶于含钙的水里时,就会产生一种叫碳酸钙(俗称石灰石)的白色固体。当水分蒸发后,白色的碳酸钙就会一层一层地沉积下来,形成石灰岩。在美国的西南部半干旱地区,就发现了大量的石灰岩。在我国的贵州和广西,也有大量的石灰岩分布。

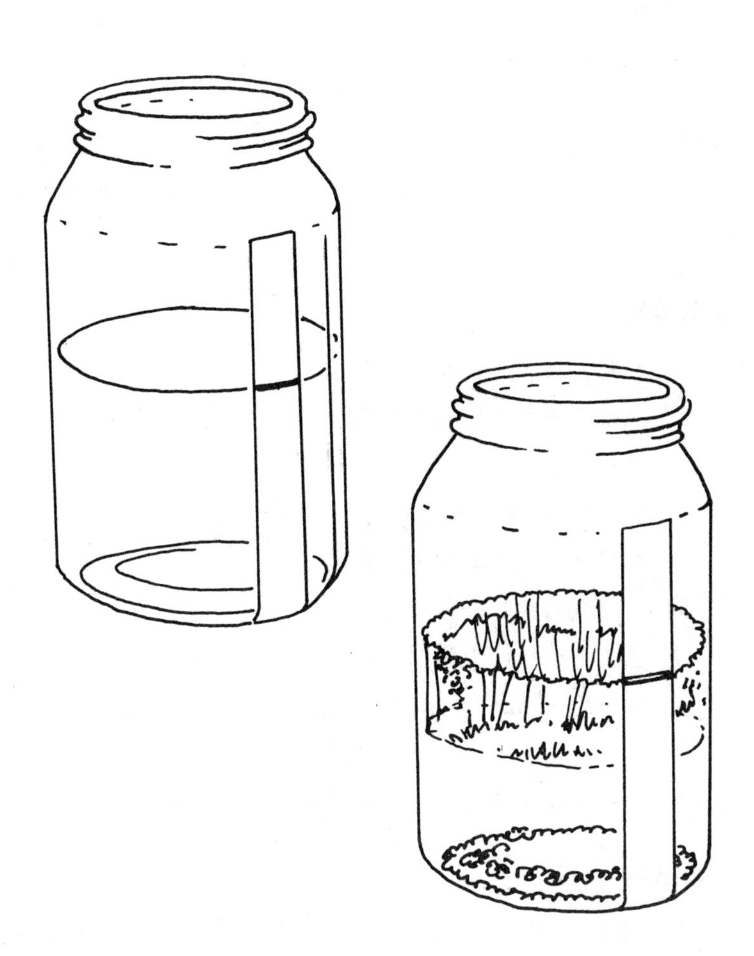

11. 石笋和钟乳石是怎么形成的

你将知道

石笋和钟乳石的形成原因。

准备材料

一些泻盐，两只小的广口瓶，一团棉线，一把剪刀，两个金属垫圈，一把汤匙，一把尺子，一张纸。

实验步骤

① 在两只瓶子里各装一些泻盐。
② 往瓶子里加水至泻盐的高度。
③ 搅拌均匀。
④ 剪一段60厘米长的棉线。
⑤ 在棉线的两端各绑1个金属垫圈。
⑥ 将棉线两端的金属垫圈分别放入一只瓶子里。
⑦ 在两个瓶子的中间放一张纸。
⑧ 移动瓶子，让棉线稍微垂下来。下垂的最低处要比纸张高2.5厘米。
⑨ 把瓶子放在没有风的地方静置一周。

实验结果

泻盐不会全部溶于水中，所以金属垫圈会搁在未溶解的泻盐上。水会顺着棉线下垂的地方滴落在纸上。随着一天天过去，棉线滴水的地方会形成白色的硬块，并慢慢向下伸长。而在棉线下面的纸上，原来滴水的地方会形成一堆白色结晶。

实验揭秘

泻盐的溶液会沿着棉线移动，当水分蒸发后，泻盐结晶就会沉积。以这种方式形成的泻盐结晶，就是溶洞内晶体沉积的模式。实际上，当地下水中的钙和碳酸(雨水与空气中的二氧化碳相作用而形成的)作用，所形成的碳酸钙溶液会通过溶洞上方的岩层下渗。当溶液滴落下来时，碳酸钙的小粒子会附在洞顶，最后就形成了钟乳石。滴落在地上的水分蒸发以后，碳酸钙也会慢慢地堆积起来，成为石笋。不过，石笋与钟乳石的形成是非常缓慢的，它们要经过成千上万年才能成形。

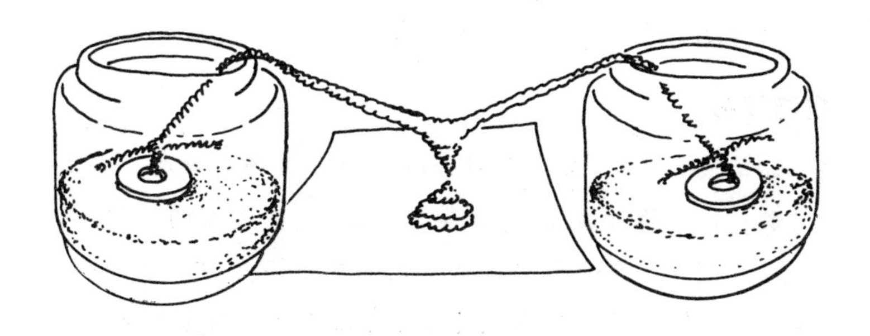

12. 贝壳也会冒泡泡

你将知道

贝壳里是否也含有碳酸钙。

准备材料

3只贝壳，一些醋，一只玻璃杯。

实验步骤

① 向玻璃杯里倒入1/4杯的醋。

② 把3只贝壳放入玻璃杯内。

实验结果

会有泡泡从贝壳上不断地冒出来。

实验揭秘

醋是酸的一种，而贝壳则含有碳酸钙这种矿物质。当碳酸钙与酸相接触的时候，就会产生化学反应，形成新的物质，其中就有二氧化碳。在这个实验中看到的从贝壳上冒出来的泡泡，其实就是二氧化碳的气泡。所以酸可以用来检测岩石中是否含有碳酸钙。如果岩石中含有碳酸钙，当酸滴在岩石上的时候，就可以看到岩石上冒出了泡泡。

醋

13. 真的有试金石吗

你将知道

试金石的工作原理。

准备材料

一块未上釉的白瓷砖(或上釉的瓷砖的背面),一把金属汤匙(最好是不锈钢的)。

实验步骤

① 用汤匙柄摩擦瓷砖的背面。

② 试着用汤匙在瓷砖背面写上你的名字。

实验结果

汤匙刮过的地方会留下深灰色的痕迹。

实验揭秘

条痕测试是用矿物样本在未上釉的瓷砖面上刮擦出痕迹。刮擦出的条痕颜色和该矿物粉末的颜色是一样的。也就是说,如果把汤匙碾成粉,粉末的颜色应该和瓷砖上的刮痕一样是深灰色的。矿物条痕的颜色,是鉴别矿物成分的重要线索。

你知道吗?可以根据黄金在试金石上刮擦时所留下的条痕的深浅来检验黄金的纯度。试金石通常指黑色、坚硬的硅质岩石,化学成分主要是二氧化硅,此外还含有少量的三氧化二铝。我国南京雨花石中的黑色雨花石就是一种试金石。

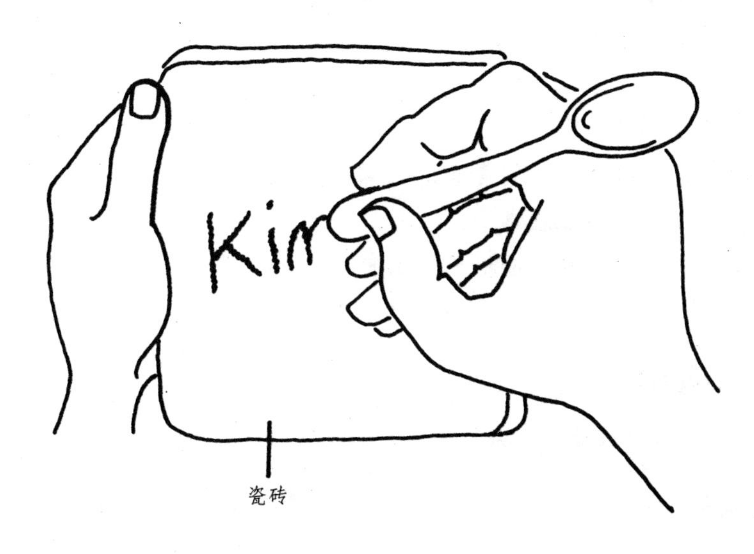
Kim
瓷砖

14. 岩石也会变质吗

你将知道

变质岩的形成原因。

准备材料

20 支牙签，一本书。

实验步骤

① 把牙签从中间弄弯，但不要折成两段。

② 把牙签立在桌子上。

③ 用书本从上面把牙签压下去。

④ 拿开书本。

实验结果

牙签会被压平在桌上。

实验揭秘

牙签在书本的压力作用下，会被压平。在自然界中，地表岩石的重量也会把下面的岩石及土壤压成平平的一层。变质岩是在高温、高压和矿物质的混合作用下由一种石头自然变质而成的另一种石头，这种质变可能是重结晶、纹理改变或是颜色改变。如普通石灰石由于重结晶会变成大理石。岩石在变质过程中会形成新的矿物，所以变质过程也是一种重要的成矿过程。中国鞍山的铁矿就是一种由火成岩变质形成的一种变质岩。

15. 很像三明治的沉积岩

你将知道

沉积岩是怎么形成的。

准备材料

两片切片面包，一些花生酱，一些果酱，一把刮刀，一个盘子。

实验步骤

注意：在午餐前进行这个实验。

① 把一片面包平放在盘子上。

② 用刮刀在面包上涂一层花生酱。

③ 再在花生酱上涂一层果酱。

④ 把第二片面包叠在果酱层上。

⑤ 美味的三明治做好了，尝尝看。

注意：绝不要乱吃实验室里的东西，除非你确信没有任何有害的化学成分或是物质在内。但这个实验是安全的。

实验结果

把面包抹上花生酱、果酱，再叠上另一片面包，就成了一块三明治。

实验揭秘

沉积岩是由于松散的砂石从一处被移到别处再次沉积而形成的。沉积岩的岩层通常有好几层，就像三明治有好几层那样。沉积岩中每一层的颜色、纹理、成分都不一样。最下面的岩层最古老，是最先沉积形成的；而最上面的一层最新，是最后沉积而成的。经过长时间的堆积，这些岩层变得坚硬致密，而且还结合在一起成为坚固的岩石构造。

沉积岩的体积只占岩石圈的5%，但其分布面积却占陆地面积的75%，大洋底部几乎全部为沉积岩或沉积物所覆盖。目前已知的地壳上最老的岩石，其年龄为46亿年，而沉积岩圈中已知的年龄最老的岩石就有36亿年。沉积岩中蕴藏着大量的矿产，如煤、石油、天然气等。

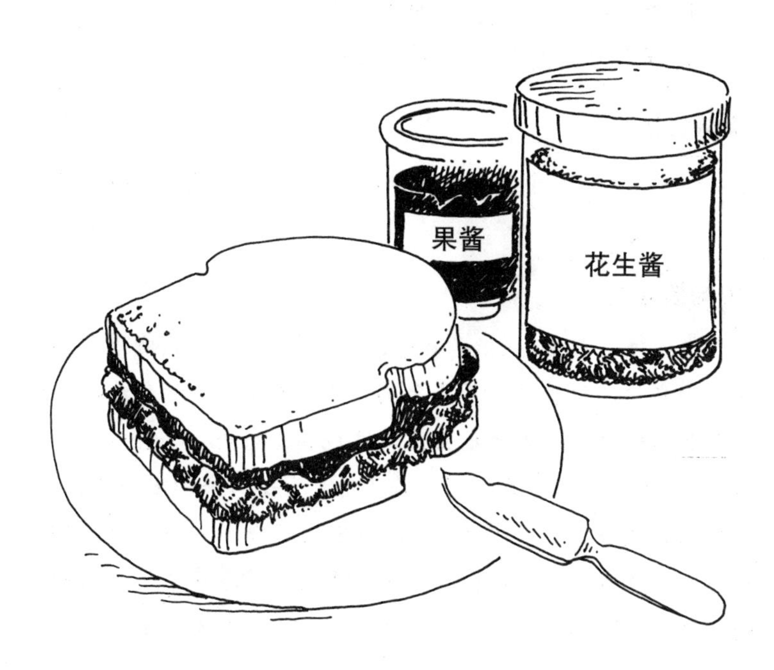

16. 钻石是如何切割的

你将知道

某些矿物有特定的切割方向。

准备材料

两张卫生纸。

实验步骤

① 将一张卫生纸,从纵的方向撕。

② 再拿一张卫生纸,从横的方向撕。

实验结果

从某个方向撕纸,很容易撕;但从另一个方向撕,则不太容易撕。

实验揭秘

在造纸过程中,纸张是在金属丝网筛中成型的,顺着一个方向成平直状。用手平行于直条的方向撕纸时,力量会施加在纸张最弱的地方——由金属丝网筛造成的平行条,正是最薄、最弱的地方,所以很容易被撕开。若从垂直于平行条的方向撕,就无法将纸撕成整齐的两张,撕开的部分呈不规则的锯齿状。切割钻石等矿物时,也可以看到同样的情形。当沿着分子排列的方向切割时,容易切割,而且切割面是平整的;如果从垂直于分子排列的方向切割时,矿物就会变成不规则的碎片。

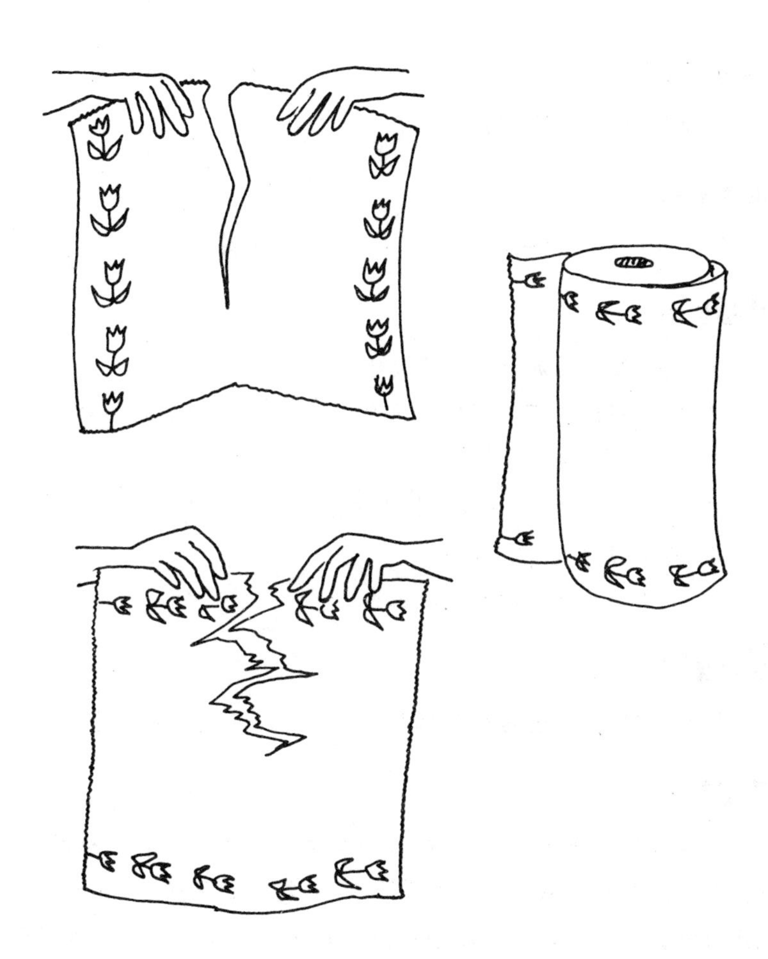

17. 如何进行土壤取样

你将知道

土壤取样是怎么进行的。

准备材料

3 块不同颜色的橡皮泥,一根吸管,一把小剪刀。

实验步骤

① 将每块橡皮泥搓成鸡蛋大小。

② 把每团橡皮泥压成 0.8 厘米厚的泥块,然后叠在一起。

③ 把吸管笔直插入橡皮泥中。

④ 插到底以后,再把吸管抽出来。

⑤ 用剪刀把吸管剪开。

⑥ 把吸管里面的橡皮泥取出来。

实验结果

将吸管剪开后,会看到呈圆柱状的 3 种颜色的橡皮泥层。

实验揭秘

当吸管插入橡皮泥时,橡皮泥会被推入吸管内。像这样抽取出来的橡皮泥就被称做“土样”——它能看出里面有些什么颜色的橡皮泥。用金属制成的取样设备可以用来对土层取样。一般金属做成的取样器都有活塞,取样本时活塞能将取样器里的土块推出来,以便科学研究。

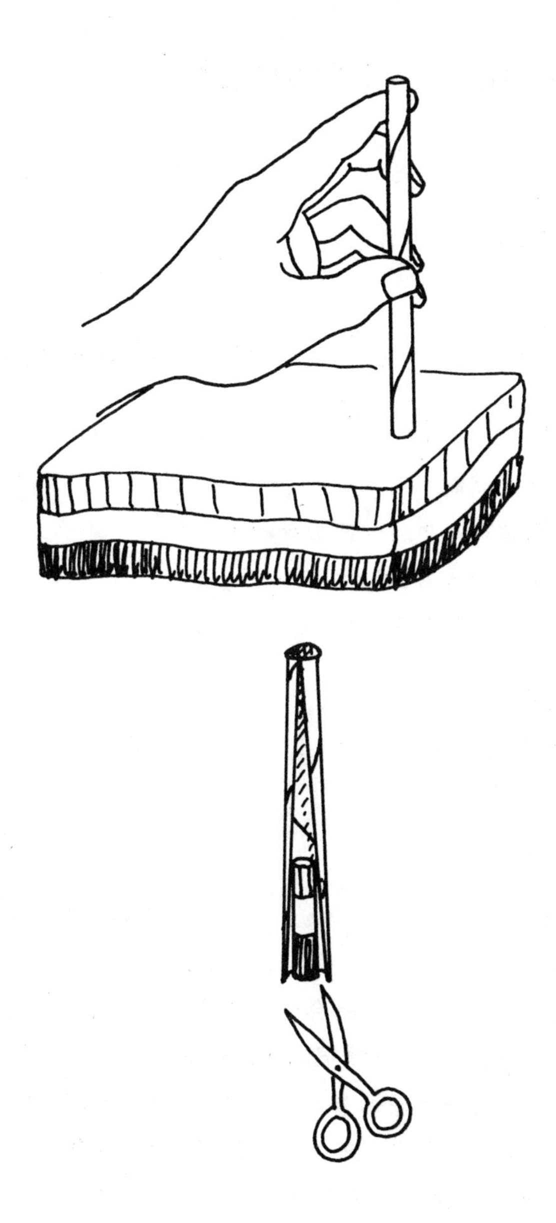

18. 砂矿床——宝物聚集地

你将知道

砂矿床是怎么形成的。

准备材料

一只带盖的玻璃瓶(1 升),5 枚回形针,一杯(250 毫升)土。

实验步骤

① 在玻璃瓶中装半瓶水。

② 往玻璃瓶中放入回形针和泥土。

③ 把盖子盖好,用力摇动瓶子。

④ 将瓶子静置 5 分钟。

实验结果

回形针先沉到瓶底。泥土下沉的速度比较慢,所以泥土会盖在回形针上。

实验揭秘

由于在相同的体积下,泥土比回形针轻,沉淀较慢,所以泥土会盖在先沉入瓶底的回形针上。在自然界中,每当下雨时,雨水滴落在泥土表面,泥土就会变得湿软。随着时间的流逝,土里较重的物质就会慢慢地往下沉。同样的,重的金属颗粒就会一直往下沉,一直沉到硬的岩层上。这样堆积起来的金属颗粒层就称为"砂矿床"。砂矿床里含有许多金属,是稀有金属、有色金属和贵金属的主要来源之一。

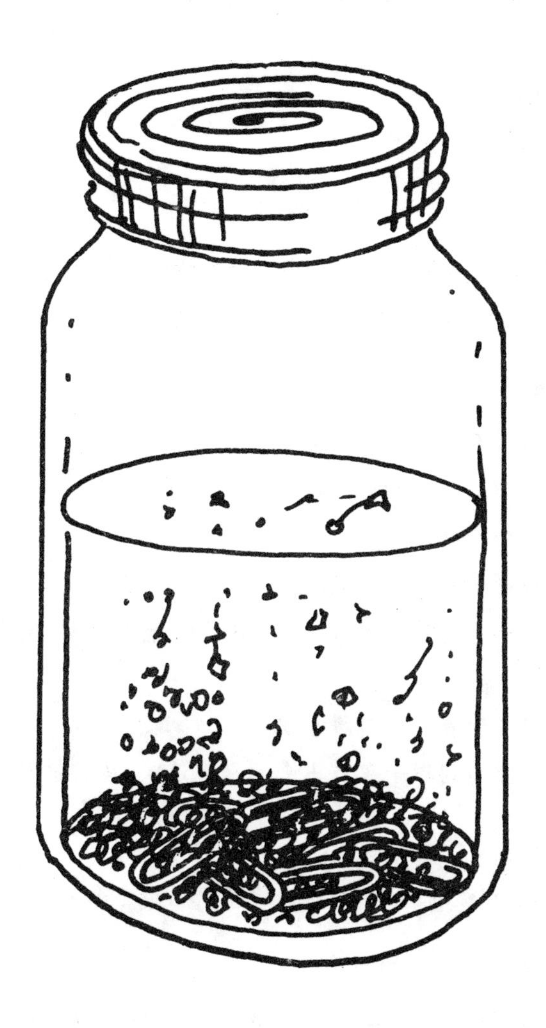

19. 用水也能淘金

你将知道

水力采矿的原理。

准备材料

一个空的咖啡罐,10 枚回形针,一些小鹅卵石(要铺满罐底),一杯(250 毫升)泥土,一根带喷雾嘴的水管。

实验步骤

注意:这个实验要在室外做。

① 把回形针、小鹅卵石、泥土放入罐中。

② 充分搅拌。

③ 将罐子放在室外的地上。

④ 把水管接到水龙头上,将水龙头开到最大,使水的冲力变大。

⑤ 用水管直接对着罐子里冲。

⑥ 当你看到罐子里流出来的水很清时,再将水龙头关掉。

实验结果

泥土全部被冲到罐子外面,罐子里只留下鹅卵石和回形针。

实验揭秘

泥土的一部分会溶于水,而另一部分则因为轻而被流动的水冲到罐子外面。至于回形针和鹅卵石,又硬又重,所以不会被流水冲碎、冲掉。含有金属矿物的岩石叫做矿石。冲积矿,特别是砂矿床都是用水来开采的。用高压水流把矿石周围的泥土冲走，把剩下来的矿石再运到炼制车间加以精炼，在那里就可以提炼出较纯的金属物质。这种用水开采的方法，就叫做"水力采矿"。

20. 动手做“化石”

你将知道

化石是怎么形成的。

准备材料

一个纸盘，一只纸杯，一块橡皮泥，一只贝壳，一些凡士林油，一些熟石膏粉，一把塑料汤匙(15 毫升)。

实验步骤

① 取一块柠檬大小的橡皮泥放在纸盘上。

② 在贝壳的外壳涂上凡士林油。

③ 把贝壳的外壳压入橡皮泥里。

④ 轻轻地把贝壳拿开，橡皮泥上就会出现一个完整的贝壳形状。

⑤ 往纸杯内放入 4 汤匙的熟石膏粉和两汤匙的水，搅拌均匀。

⑥ 把纸杯里的石膏倒入贝壳形状的橡皮泥里，把纸杯和汤匙拿开。

⑦ 等石膏变硬，大约要 15 ~ 20 分钟。

⑧ 将石膏拿出来。

实验结果

橡皮泥中会留下贝壳外壳的形状，石膏则会和贝壳外壳一模一样。

实验揭秘

化石是保存在岩石中的古生物遗体或遗迹。橡皮泥相当于远古时代的软泥,而生物会在软泥里留下痕迹。具有硬体的动物与植物的茎等遗体在岩石中所留下的痕迹就被称为印模化石。在这个实验中,印有贝壳的外壳痕迹的橡皮泥就相当于是印模化石。生物遗体外面覆以沉积物,内部也为沉积物所充填,已经形成外模和内核,其后,遗体被地下水溶解,所留空隙再被其他物质所充填,填入物保存了原生物遗体的原形及大小,构成铸型化石。铸型的外形与实体化石相似,但遗体的成分往往和原物完全不同。这个实验中的石膏贝壳就相当于铸型化石。

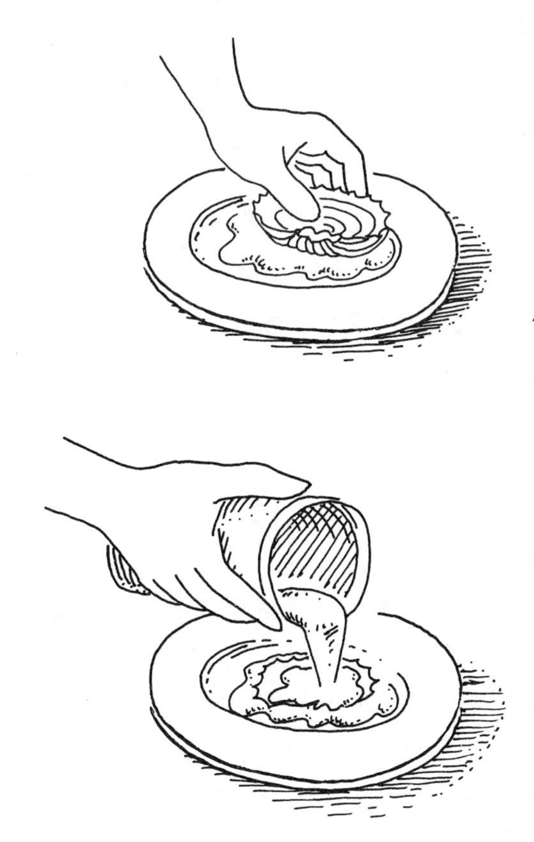

21. 冰川里为什么会有化石

实验目的

冰川里的化石是怎么进去的。

准备材料

一个烤盘,一块拳头大小的石头。

实验步骤

① 把装满水的盘子放进冰箱冷冻室,放一个晚上,使水结成冰。

② 打开冰箱冷冻室的门,不要把盘子拿出来,直接把石头放在冰面上,再关上冰箱冷冻室的门。

③ 每隔 10 分钟,打开冰箱冷冻室的门,试着把石头拿起来,然后再关上冰箱冷冻室的门。反复 6 次。

实验结果

刚开始你可以轻松地把石头拿起来,但石头逐渐会嵌进冰面,且越嵌越深,最后与冰粘在一起,不容易拿出来。

实验揭秘

由于石头散发出来的热量会使冰融化,石头就会下沉。等到石头冷却后,它们便慢慢地嵌入冰里了。石头对冰面施加压力,会使冰面融化。而在低温下石头周围的水会再次结成冰。这种水再次结冰的现象就叫做“复冰现象”。在冰川深处有时也可以发现化石,这主要是由于积雪覆盖生物所造成的。但也有一些是由于生物的重量而形成的化石,就像实验中石头嵌入冰里的情形一样。由于生物的重量产生的压力，与生物接触的冰面就融化成水，随着水再次冻结，生物就随之下沉，慢慢地就形成了化石。

你知道吗？冰的融点与冰表面所受的压力有关，压力越大，融点越高。复冰现象就是这个原理。雪球一开始很小，但在滚动过程中，雪球与雪地接触部分处的雪由于受到雪球的挤压，根据上面的原理，雪的融点升高，从而那部分的雪融化，沾附在雪球上，而这个过程在雪球滚动时不断存在，随着雪的不断沾附，雪球也就不断变大了。

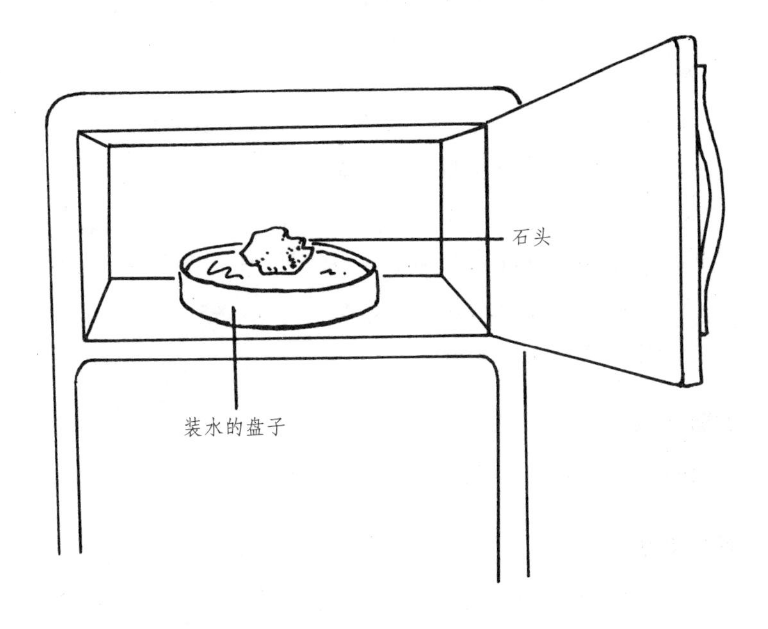

Ⅲ. 地 壳 运 动

22. 火山爆发是如何形成的

你将知道

火山爆发的原因。

准备材料

一张厚纸板,一只玻璃瓶,一把剪刀,一只装满水的杯子。

实验步骤

① 用厚纸板剪出一个比瓶口大一些的圆形纸片。

② 将空瓶子放在冰箱冷冻室里 20 分钟。

③ 从冰箱里拿出瓶子。

④ 把圆形纸片浸在装满水的杯子里,再拿出来盖在瓶口。

⑤ 将两手快速来回搓 20 次。

⑥ 然后立即用两手握住瓶子。

实验结果

圆形纸片的一边会先上升,然后再掉下来。

实验揭秘

分子的运动与碰撞会释放出热能。摩擦双手也会产生热能,当这些热能传到瓶子时,会使瓶里的冷空气受热膨胀。瓶里膨胀的热空气向外跑的过程中产生的力会把厚纸片推开一个缝隙。

由于板块运动，地壳的某些部分移动时，相互摩擦所产生的热能，能使岩石里的物质振动。如果固体岩石里的分子运动得足够快，则分子和分子就会分开，而固体的岩石就会熔化成岩浆(地壳下的液态岩石)。如果温度进一步上升，液体就会变成气体。当受热时，大多数的物体体积会变大。当地球内部物质扩张，所产生的热量、能量和气态的物质冲出地表就表现为地震、火山爆发等地壳运动形式。

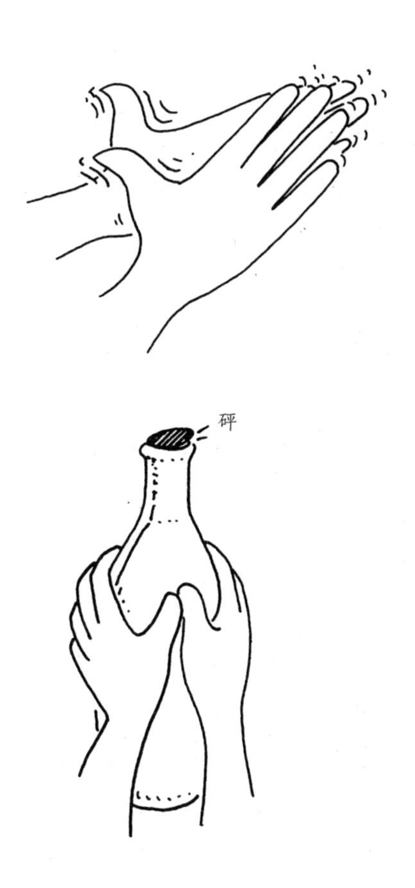

23. 陆地也会漂移

你将知道

大陆漂移的由来。

准备材料

一个大一点的浅铝盘子,两杯(0.5 升)土,一只碗(1 升),一把汤匙。

实验步骤

① 把土倒入碗里。

② 往碗里倒入适量的水,然后用汤匙搅拌成较稠的泥浆。

③ 把泥浆倒入盘中。

④ 将盘子放在太阳下晒两三天。

⑤ 等泥浆晒干后,沿着盘子的边缘把泥土往下压。

实验结果

变干的泥土表面会出现不规则的裂痕。

实验揭秘

把变干的泥土压下去,泥土会碎成边缘呈锯齿状的土块,但土块之间互相吻合。地球的大陆板块也像是巨大的拼板。大陆的海岸线虽然很不规则,但块与块之间却都是相互吻合的。大约 3 亿年前,我们今天所知的南、北美洲大陆、非洲大陆、欧亚大陆、南极大陆等统统属于一块"超级大陆",后来由于地球内部的压力增大,这块"超级大陆"分裂成若干块大陆,经过漫长岁月的移动,终于形成了今天的大陆位置关系。

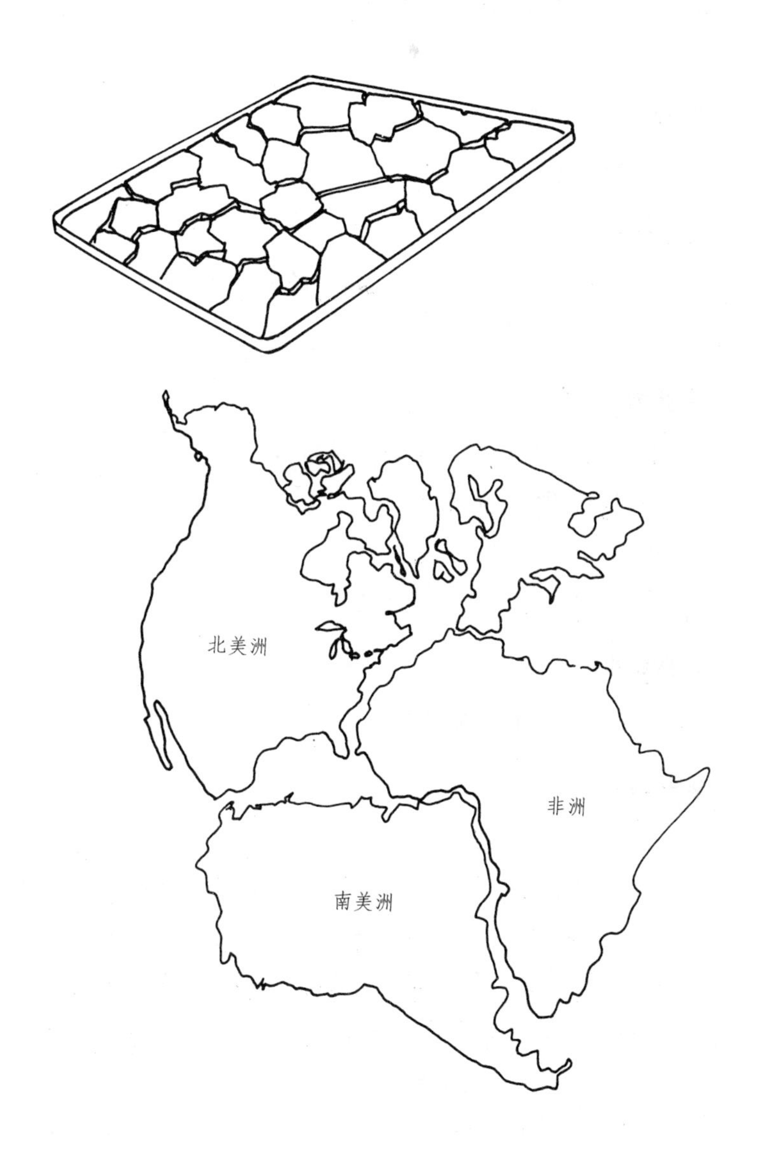
北美洲
非洲
南美洲

24. 间歇泉是怎么形成的

你将知道

间歇泉是怎么产生的。

准备材料

一个漏斗,一个和漏斗一样高的大容器,一根1米长的塑料管。

实验步骤

① 往容器中倒入约3/4容器的水。
② 把漏斗倒立在水中。
③ 将塑料管的一端压入漏斗的下面。
④ 从塑料管的另一端往里吹气。

实验结果

水会从漏斗末端喷出来。

实验揭秘

往漏斗里面吹气时,空气会变成气泡冒出来。随着气泡向上冒,漏斗里的管子上方的水就被往上推而形成喷泉。间歇泉是一种能呈喷发状态的温泉,而且它们的这种喷发是断断续续的,因此叫间歇泉。在有间歇泉的地方,往往也是火山地区。间歇泉是地下水流经管状的地下缝隙而形成的。那里的地下水被附近的高热岩浆加热后,水蒸气的气泡会上升。当这些气泡上升到漏斗形状的狭窄地方时,形成的巨大压力会把那里的水也往上推,冲出水面形成喷泉,这就形成了间歇泉。在这个实验中，只要不停地吹气，水就会不停地喷出来。间歇泉则不是这样，它要在水蒸气的压力足够大时才会喷发。当这股高温水流的“脾气”发作完了，它的温度和压力也就下降了，于是喷发也就停止了。下次再发脾气的时间就要看管子的深浅、大小、地下水与岩浆的作用程度和距离等等。有的间歇泉两三分钟喷一次，有的则要好几年才喷一次。在间歇泉的一生中，这种喷发规律也会变化。但也有个别非常守时的间歇泉，每隔一定时间就会喷上几分钟。如闻名世界的美国黄石公园的“老忠实泉”每隔 70 分钟就喷发一次，这个规律已有近百年不变。间歇泉是很罕见的，地球上现存的间歇泉主要分布在冰岛、新西兰和美国的黄石国家公园。

25. 大西洋还在长大

你将知道

大西洋的中脊海底还在扩张。

准备材料

一把剪刀,一个鞋盒,一块橡皮泥,一张白纸。

实验步骤

① 剪两条7厘米×28厘米大小的纸条。

② 在鞋盒底部的中心开个1厘米×28厘米大小的缝隙。

③ 将盒子长的一侧剪开。

④ 从盒底的缝隙处把两张纸条插进去。

⑤ 把两张纸条的盒外部分都留8厘米左右,把两张纸条向相反方向折。

⑥ 把揉成铅笔粗细的橡皮泥压在纸条的末端。

⑦ 从鞋盒里用食指和中指夹着纸条慢慢地把纸条往上推。

实验结果

随着手指往上推动纸条,两块橡皮泥会离得越来越远。

实验揭秘

在这个实验中,橡皮泥表示以大西洋中脊为分界线的旧海底。而上升的纸条则代表沿着大西洋中脊的缝隙上移的热岩浆的运动。当流出来的岩浆涌到海底的表面,它会在裂缝两边形成新的岩层。而新的岩层会推动旧的海底,所以海底会越来越宽。大西洋每年大约会变宽2.5厘米。相应的,大西洋两岸的欧洲大陆和北美洲大陆之间的距离也会变大。

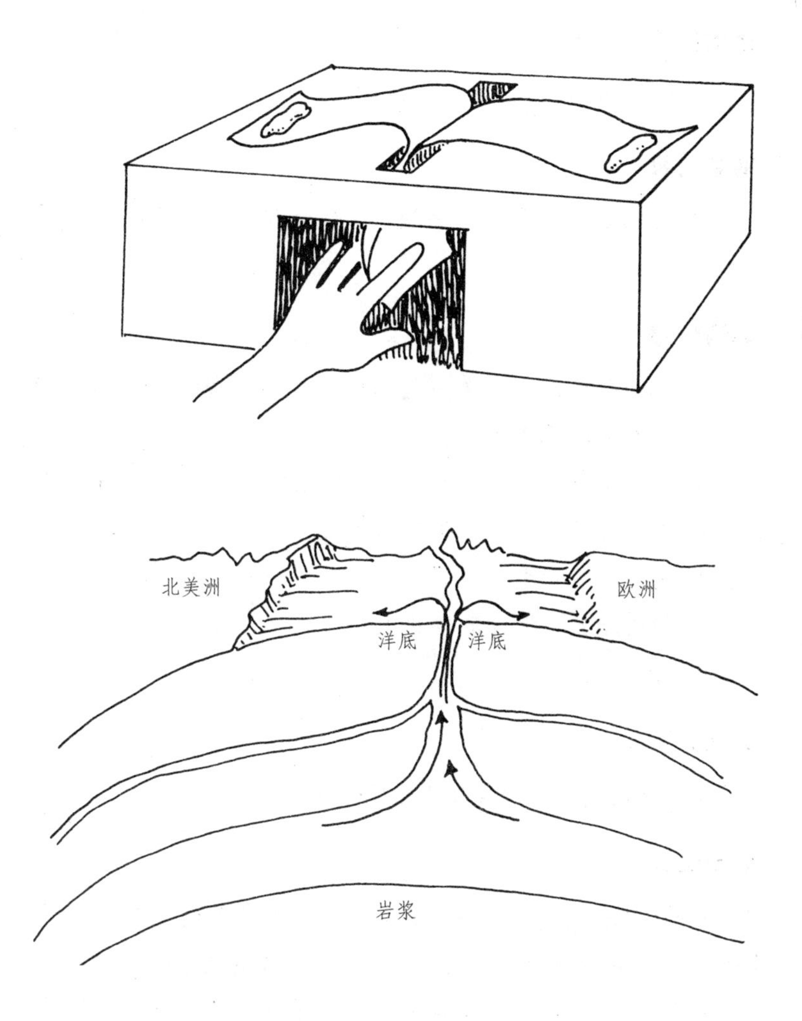

26. 海沟是如何形成的

你将知道

海沟(海底的深谷)是如何形成的。

准备材料

两种颜色的橡皮泥各一块,一个小塑料瓶,两本一样厚的书。

实验步骤

① 把两块橡皮泥叠在一起捏成一块橡皮泥板(3 厘米 ×8 厘米 ×15 厘米)。

② 把两本书放在平桌上,相隔 10 厘米。

③ 再把橡皮泥板横放在两本书上。

④ 将瓶子装满水。

⑤ 把瓶子放在橡皮泥板的中心

⑥ 静置一夜。

实验结果

橡皮泥板在瓶子的重压下会向下弯。

实验揭秘

地幔(位于地壳和地核之间的地层)里熔融的岩浆在不停地运动。热而轻的岩浆会往上涌,冷而重的岩浆则会往下沉。在这个实验中,橡皮泥板在瓶子的重压下会弯曲下沉。地幔中的高温岩浆会从海底的裂缝中上涌到海床,就形成了海底山脉——大西洋中脊。由于海底较薄的部分容易受到岩浆移动的影响，在地幔下沉的地方就会形成叫做“海沟”的深谷。大西洋的扩张与海沟的形成有关。当大西洋正在变大的同时，太平洋却在变小。太平洋海床重的部分向沿岸更轻的陆地俯冲，因此在岛弧的外侧形成了许多深的海沟。地球上最深的海沟是马里亚纳海沟，它位于西太平洋上的马里亚纳群岛的东南侧，深约11034 米。

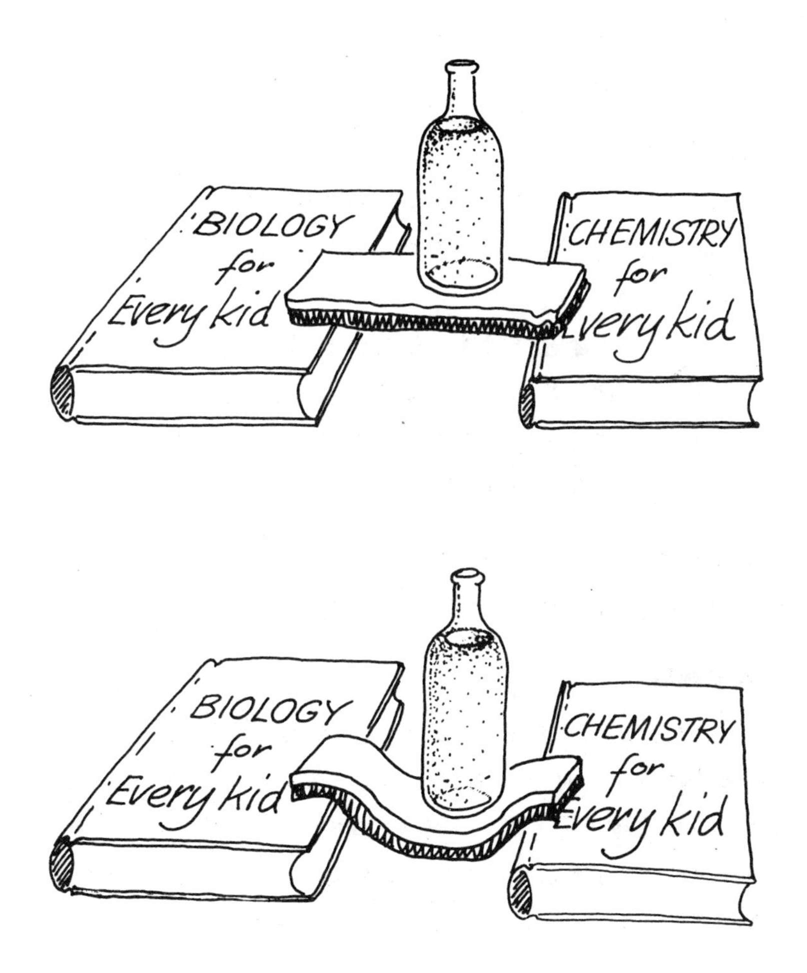

27. 地球也有磁场

你将知道

地球磁场是探明地球内部构造的线索。

准备材料

一根10厘米长的大铁钉,一些漆包线,一个6伏的电池,一只小盒子,一些铁屑。

实验步骤

① 用钉子在盒子的上面和侧面各钻1个洞。
② 用漆包线将铁钉从上到下缠绕。漆包线的两端各留至少15厘米。
③ 把缠上漆包线的铁钉插入盒中。
④ 将漆包线的两端分别与电池的两极相接。
⑤ 绕着铁钉把铁屑撒在盒子上。
⑥ 轻轻敲盒子,使铁屑散开。

实验结果

铁屑会在铁钉周围呈放射状分布。

实验揭秘

铁屑会被吸向钉子,成放射状,这是因为电流会产生磁场从而吸引铁屑。当电子沿着电线运动,在电线周围会形成磁场。地球周围的磁场也可能是由电子的运动而产生的。对电子运动的一种解释是:地球有个熔融的金属地核。随着地球的自转,金属地核也在旋转,而其中的电子就会自由碰撞,这些电子的运动就产生了磁场，这也被称为“地磁气动力理论”。

地球强大的磁场是保护人类免于遭受外太空各种致命辐射的生死屏障。

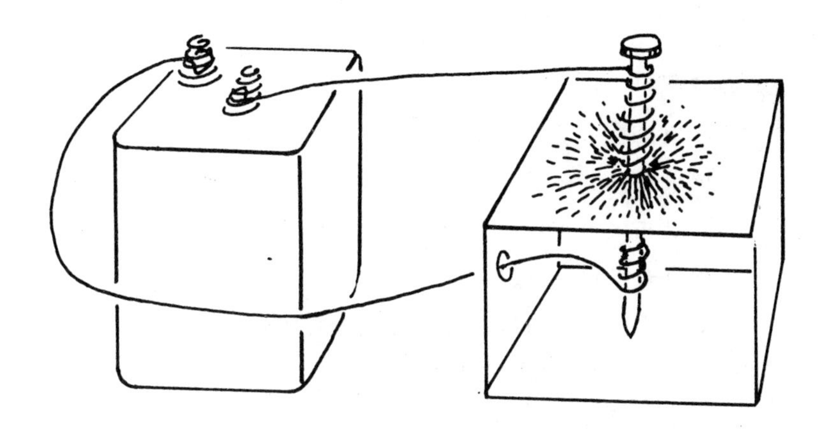

28. 指南针为什么能指示方向

你将知道

磁铁的 N 极是不是一直指向北极。

准备材料

一个指南针,一根缝衣针,两枚大头针,一卷透明胶,一把剪刀,一团棉线,一张纸,一把尺子,一块磁铁。

实验步骤

① 取两枚大头针放在磁铁的两端,使针尖相向。
② 剪两张 1 厘米 ×2 厘米大小的长方形纸片。
③ 剪两根棉线。一根长 30 厘米,另一根长 60 厘米。
④ 将两根棉线分别系在两张纸上。
⑤ 将原来放在磁铁上的大头针分别插在两张纸上。
⑥ 把门打开,用透明胶将两根棉线的一端分别固定在门框上。两根棉线相距 30 厘米。
⑦ 看看两枚大头针的针头指着哪个方向。
⑧ 用指南针查看针头所指的方向。

实验结果

一枚大头针的针头指向南方,另一枚大头针的针头则指向北方。

实验揭秘

由于地壳内部有磁性物质,地球就像是个大磁铁。这个大磁铁的北端是地球的北磁极,而所有磁铁的 N 极都会被吸引过去。所以，磁铁的 N 极事实上指的是“会指向北的极”。当你把大头针放在磁铁上，是将它们磁化，使得大头针里的电子重新排列。由于两枚大头针在磁铁上是相向放置的，所以针头的指示方向不同。

29. 岩石也有张力

你将知道

表面张力的作用。

准备材料

一只气球，一支水笔。

实验步骤

① 在没有吹大的气球上画个正方形。

② 将气球上的正方形平均分成 3 份

③ 用水笔将正方形外侧的两块涂上颜色。

④ 把气球吹大，然后观察气球上的正方形。

⑤ 把气球中的空气放掉，再看看气球上的正方形。

实验结果

当气球被吹大时，气球上的正方形会向各个方向扩展出去。只要不把气球吹得太大，放气后，气球上的正方形就会恢复到原来的形状和大小。

实验揭秘

随着你往气球里吹气，气球里变大的空气压力会使分子与分子之间的距离拉大。但由于气球各部分的伸展程度不一样，所以气球上不同部位的形状也会改变。张力就是伸展或拉长某物的力。如果张力在岩石的弹性范围内，当张力消失时，岩石就会像泄气的气球一样恢复原样。如果张力过大，超过岩石的弹性范围，岩石就无法恢复原样，就会像吹爆的气球那样碎成数片。

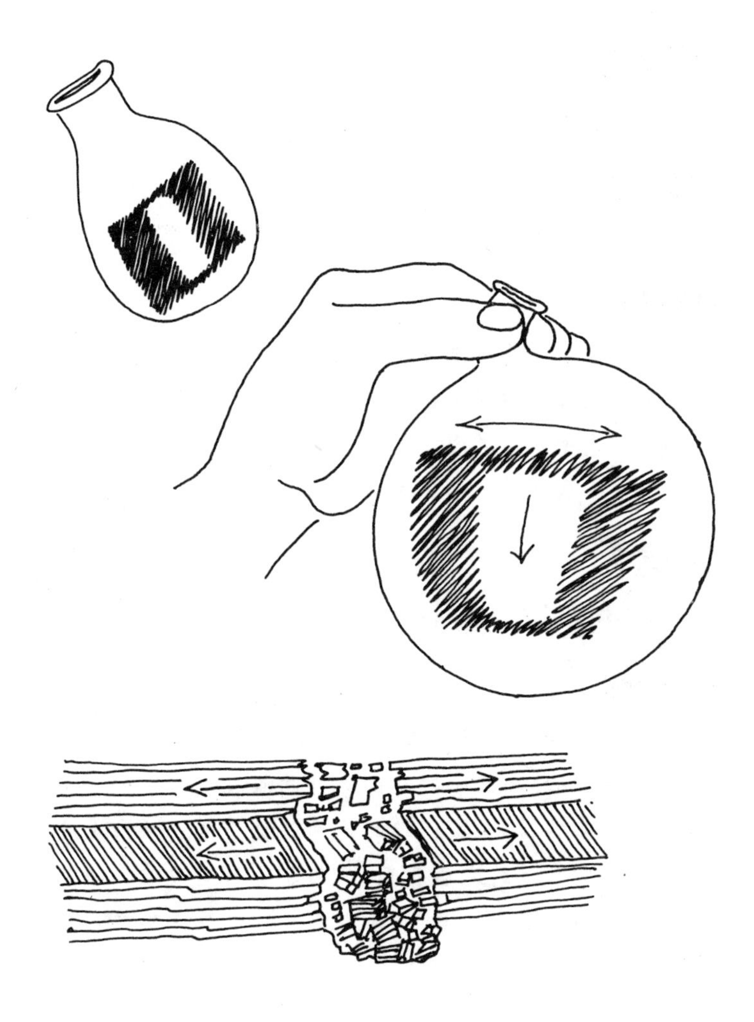

30. 地壳也会折叠

你将知道

岩层受力挤压后有时会形成褶皱。

准备材料

4 张纸巾,一杯水。

实验步骤

① 把叠好的 4 张纸巾放在桌子上。

② 把这叠纸巾对折。

③ 用水把纸巾弄湿。

④ 双手从纸巾的两端慢慢地向中心推。

实验结果

纸巾上会形成许多褶皱。

实验揭秘

当你用双手从纸巾的两侧向中心推时,纸巾的一部分会重叠产生褶皱,以适应更小的空间。当两股相反方向的力从地壳的两侧向中心推挤时,被压缩的地面就会产生波状弯曲变形的褶皱。有这种褶皱的地层表面,一般都会呈波浪状。世界上的许多高大山脉都是褶皱山,如喜马拉雅山。

31. 要多大的力才能使地壳产生褶皱

你将知道

要多大的力才能使地壳产生褶皱。

准备材料

一张报纸。

实验步骤

① 把报纸对折。

② 再对折,就这样一直折下去,直到你折不动为止。

实验结果

报纸会变得越来越难折。在折了六七以次后,你就折不动了。

实验揭秘

每折一次,报纸的层数就会加倍。当你折到第七次时,就有128 层纸。地壳和这个实验中的报纸一样,地表薄而轻的岩层,不需太大的压力就能使其产生褶皱。但是要使广泛分布而且致密的岩层产生褶皱,就要有巨大的压力。

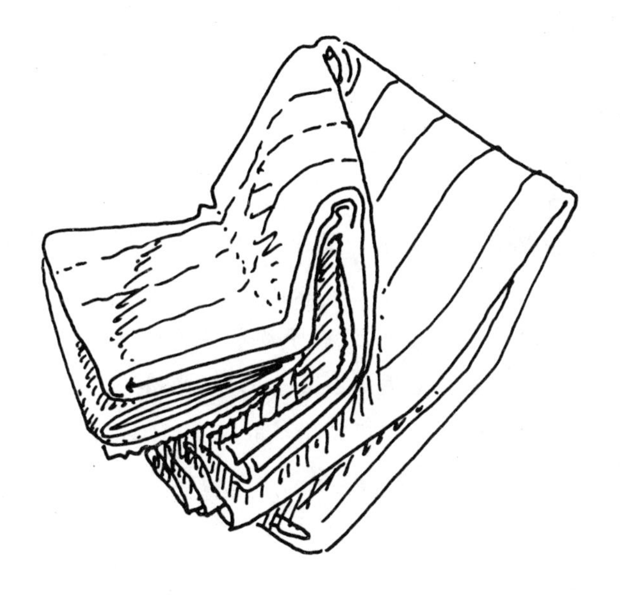

32. 动手做地震仪

你将知道

如何自制地震仪。

准备材料

一个带盖的广口瓶(1 升),一支签字笔,一根橡皮筋,一卷胶带纸,一把剪刀,一张蜡纸,一把尺子。

实验步骤

① 在瓶子里装满水并盖上盖子。用蜡纸剪出一张 15 厘米 ×30 厘米大小的纸条。

② 把蜡纸放在桌子上,瓶子放在蜡纸的一端。

③ 用橡皮筋把笔固定在瓶子上,笔尖朝下。

④ 将笔尖调到可以碰到蜡纸的位置,然后用胶带纸固定。

⑤ 拿起蜡纸的另一端,向瓶子方向推。

⑥ 迅速把蜡纸从瓶子下面抽出来。

实验结果

蜡纸在不动的瓶子下面移动时,签字笔会在蜡纸上画出线条。

实验揭秘

惯性是指物体具有保持原有运动状态的属性。不仅静止的物体具有惯性,运动的物体也具有惯性;物体惯性的大小用其质量大小来衡量。装着水的瓶子,其质量大,所以当蜡纸在瓶子下面动的时候,瓶子不易改变其静止状态。地震仪就是利用惯性的原理设计的。地震仪上有一悬浮重物,当地震使地震仪产生震动时，它在座台上保持不动。在悬浮重物上绑一支笔，其笔尖正好接触到座台的纸上，所以笔会在震动的座台上留下来回的画痕，当地震发生时笔就会画出波浪形的线条。像这样记录下来的叫做“地震现象”。不过，这个实验中的桌子并没有摇动，所以画出来的线是直的。也就是说，当记录下来的线条是直线的话，那就表示没有发生地震。

你知道吗？公元132年，中国古代科学家张衡发明了世界上第一架地震仪——候风地动仪。据记载，地动仪以精铜铸造而成，圆径达八尺，外形像个酒樽，机关装在樽内，外面按东、西、南、北、东北、东南、西南、西北八个方位各设置一条龙，每条龙的嘴里含有一个小铜球，地上对准龙嘴各蹲着一个铜蛤蟆，昂头张口。当任何一个方位的地方发生了较强的地震时，传来的地震波会使樽内相应的机关发生变动，从而触动龙头的杠杆，使处在那个方位的龙嘴张开，龙嘴里含着的小铜球自然落到地上的蛤蟆嘴里，发出“铛铛”的响声，这样观测人员就知道什么时间，什么方位发生了地震。张衡发明的地震仪开创了人类使用科学仪器测报地震的历史。它和别国类似的地震仪相比，早了一千多年。

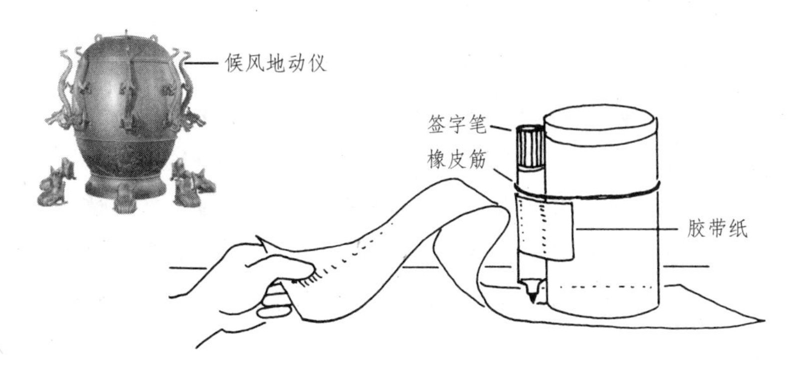

33. 地震波为何变慢了

你将知道

地震波(由地震震源发出的在地球介质中传播的弹性波)为什么会在沙中缓慢前行。

准备材料

一张纸巾,一个空纸筒,一些大米,一根橡皮筋。

实验步骤

① 用一张纸巾把空纸筒的一头整个包起来。

② 用橡皮筋将纸巾与空纸筒绑紧。

③ 往纸筒中倒满大米。

④ 用手指把大米用力往下压,然后取出纸巾。

实验结果

大米并不会把纸筒下方的纸巾压破。纸筒下方的大米也基本没动。

实验揭秘

当被推挤时,米粒和沙粒都会向不同的方向移动。同样的,地震波所引起的振动在通过沙层时,速度会变慢。这是因为地震波向前的能量会透过沙粒向四方散去,逐渐衰减。

为什么汶川那么强烈的地震都没有对成都造成破坏性影响呢?这是因为成都平原地表有几十米的覆盖层,里面大量是砂砾石,能吸收地震波的能量,所以不会对建筑产生强烈的破坏。

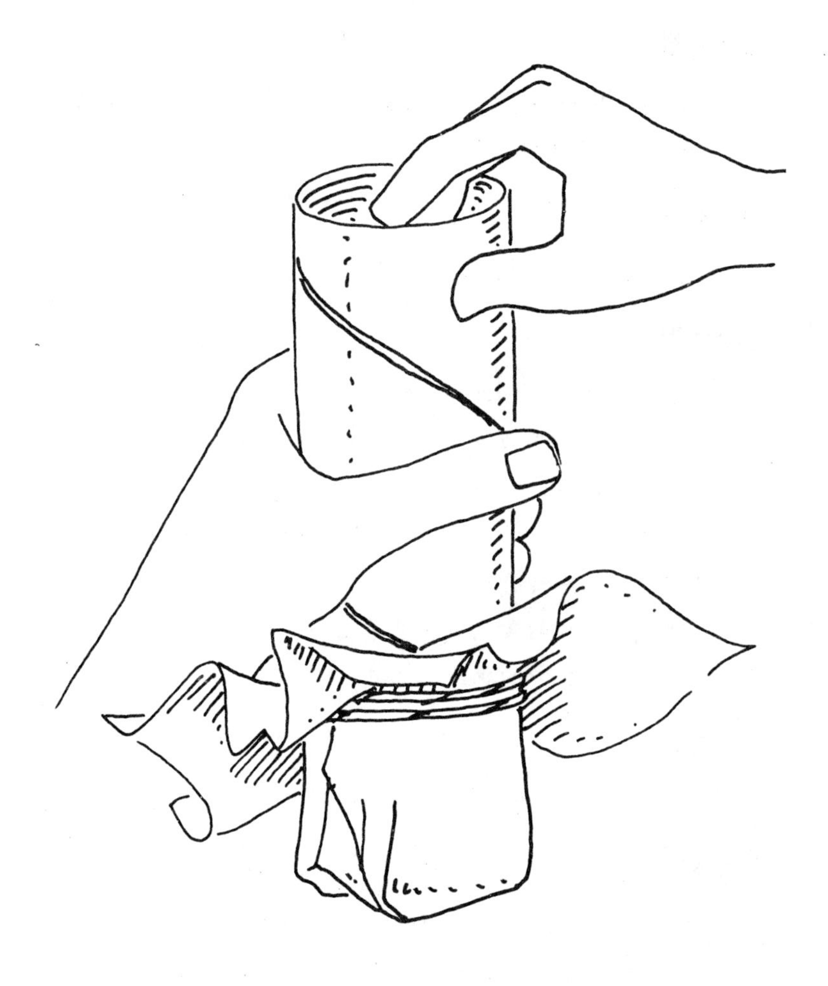

34. 为什么地震时人的感觉是先颠后晃

你将知道

在穿过不同的岩层时,地震所产生的纵波(也称初波或P波)的传播速度也不同。

准备材料

一把尺子,一团棉线,一卷胶带纸,一把剪刀。

实验步骤

① 剪一根60厘米长的棉线。
② 将棉线的一端用胶带纸固定在桌子上。
③ 用手抓住棉线的另一端,把棉线拉直。
④ 用手指拨一下拉紧的棉线,听听发出的声音。
⑤ 再用食指卷起棉线的一端。
⑥ 把卷着棉线的食指放在耳朵上。
⑦ 再拨一下拉紧的棉线。

实验结果

当你把手指放在耳朵上时,振动的声音会变得更大。

实验揭秘

拨动棉线所产生的声波在固体内的传播速度要比在空气中的快。纵波是地震发生时最先到达震中的。这种波和声波一样,以纵波的方式传送。纵波在密度高的物质内传播速度比较快,因为这些物质里的分子紧密地排列在一起。因此,纵波的传播速度可以用来了解它所穿越的岩层的密度大小,是我们探察地球内部的“超声波探测器”。

地震按传播方式分为:纵波、横波和面波。纵波是推进波,它在地壳中的传播速度为5.5~7千米/秒,最先到达震中,又称P波,它使地面发生上下振动,破坏性较弱。横波是剪切波,它在地壳中的传播速度为3.2~4千米/秒,第二个到达震中,又称S波,它使地面发生前后、左右抖动,破坏性较强。面波又称L波,是由纵波与横波在地表相遇后激发产生的混合波。其波长大、振幅强,只能沿地表传播,是造成建筑物强烈破坏的主要因素。

35. 地震波是地球内部结构的探路者

你将知道

地震波可以用来探明地球的内部结构。

准备材料

一块大碗(两升),一只玻璃瓶,一支铅笔。

实验步骤

① 碗里装上半碗水。

② 把玻璃瓶放在碗的中央。

③ 用铅笔在碗口附近的水面上轻轻点几下。

实验结果

在铅笔点到的地方会有一圈圈的波纹扩散。大部分的波纹会在碰到瓶子时再弹回来。

实验揭秘

铅笔点水使得水振动,所产生的波纹会从中心向四周扩散,但这些波纹无法穿过瓶子。地震发生时,首先到达地面的是纵波,其次到达的是横波。与纵波相比,横波的速度慢,所含的能量也较小。所以,横波只能穿过固体物质,纵波却能在固体、液体和气体任一种物质中自由通行。因此,横波在从地球的固态部分传播到液态的地核时,就会像实验中的水波那样被弹回去;而纵波则可以一直到达地核。这就证明了地球的内部存在着液态物质。

20 世纪初,南斯拉夫地震学家莫霍洛维奇忽然醒悟:原来地震波就是我们探察地球内部的“超声波探测器”！通过的物质密度大，地震波的传播速度就快；通过的物质密度小，地震波的传播速度就慢。莫霍洛维奇发现，在地下 33 千米的地方，地震波的传播速度猛然加快，这表明这里的物质密度很大，物质成分也与地球表面不同。地球内部这个深度，就被称为“莫霍面”。1914 年，美国地震学家古登堡又发现，在地下 2900 千米的地方，纵波速度突然减慢，横波则消失了。这说明，这里的物质密度变小了，固体物质也没有了，只剩下了液体和气体。这个深度，就被称为“古登堡面”。地球从外到里，被莫霍面和古登堡面分成 3 层：地壳、地幔和地核。地壳主要是岩石；地幔主要是含有镁、铁和硅的橄榄岩；地核主要是铁和镍，那里的温度超过两千摄氏度。

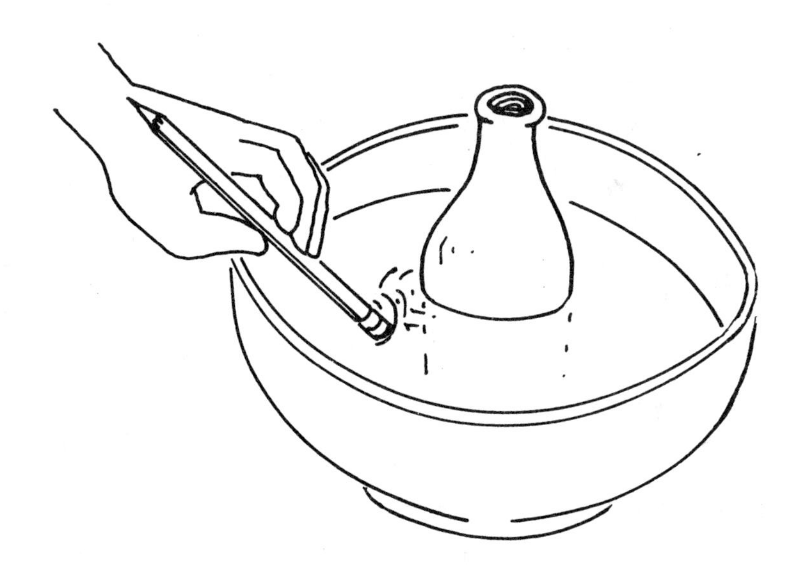

36. 冰川也会运动

你将知道

冰川的一种移动方式。

准备材料

一个金属网架，一个方形的烤盘，一块砖（或同样大小及重量的物品）。

实验步骤

① 把烤盘装满水。

② 把烤盘放进冰箱的冷冻室里，直到烤盘里的水完全结成冰。

③ 把烤盘里的冰拿出来放在金属网架上，再一起放进冷冻室。

④ 然后把砖放在冰块的上面，再关上冰箱冷冻室的门。

⑤ 24 小时以后，打开冰箱冷冻室的门，看看冰块的底部会变成怎样。

实验结果

冰会从金属网架的间隙中垂下来。

实验揭秘

冰川就是会移动的巨大冰块。当冰块凝结成相当的厚度时，冰的底层所承受的压力也就非常大，所以冰层的底部会变软。由于压力作用而融化的冰就叫做复冰。这些变软的冰会像浓稠的蜂蜜一样向外流动。只要雪一直下到冰川的表面，冰川的高度就会保持不变，但在冰川的底部会有指状冰向外移动。有些冰川一天只能移动几厘米，而有些冰川一天就可以移动好几米。

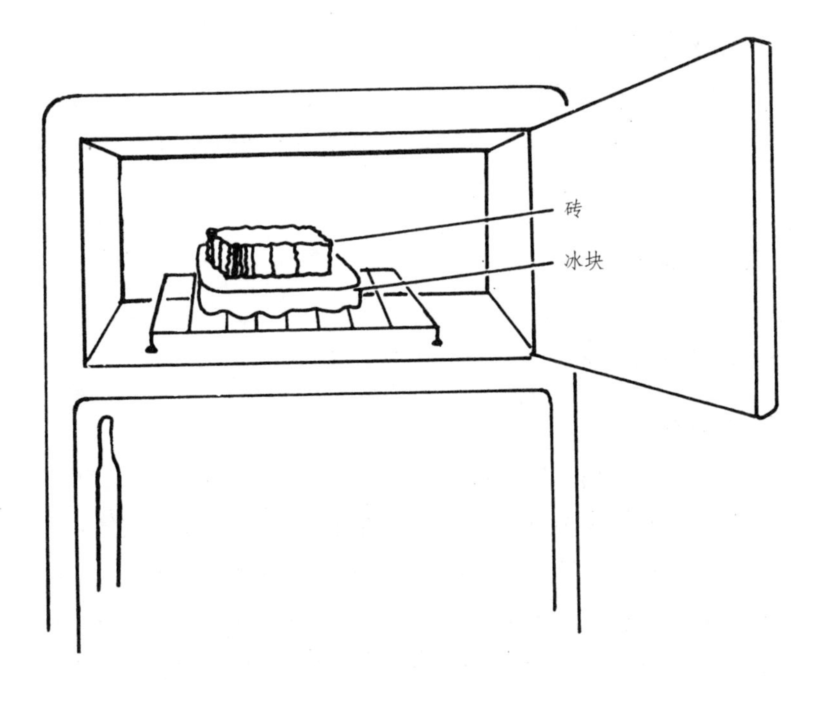

37. 岩浆流动的产物

你将知道

岩浆为什么会流动。

准备材料

一支用了一半的牙膏。

实验步骤

① 双手握着牙膏软管。

② 盖紧牙膏的盖子,用手指挤压牙膏软管的中部。

③ 再用手在软管的不同部位挤压。

实验结果

在双手的挤压下,软管里面的牙膏会移动,而用手指压着的前面部分则会鼓起来。

实验揭秘

地球内部的液态岩石叫做"岩浆"。当深处的岩浆受到巨大的压力时,就会往上挤。当岩浆往上移动时,它会变冷变硬。岩浆与这个实验中被挤的牙膏一样,总是往最近的空隙移动。像这样因岩浆垂直涌到地壳裂隙而变硬的岩体,就叫做"岩脉"。当岩浆顺着老岩层的层理挤入形成的板状岩体,则叫做"岩床"。这种往水平方向移动的岩浆,偶尔也会将上面的岩层拱起而形成半球形的岩体,这就叫做"岩盖",它就好像牙膏软管被挤压时,牙膏会集中在某个特定地方,并鼓起来那样。

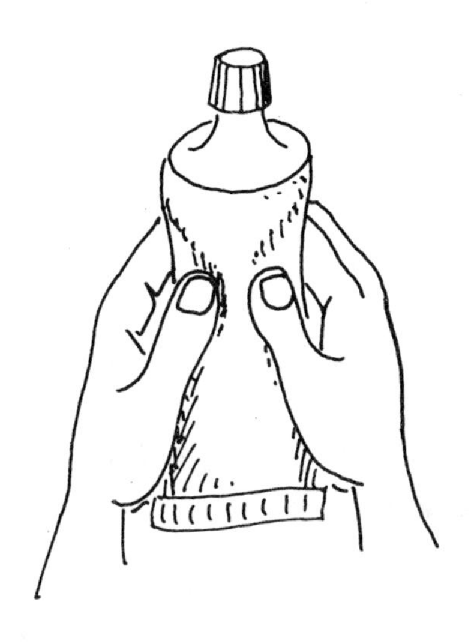

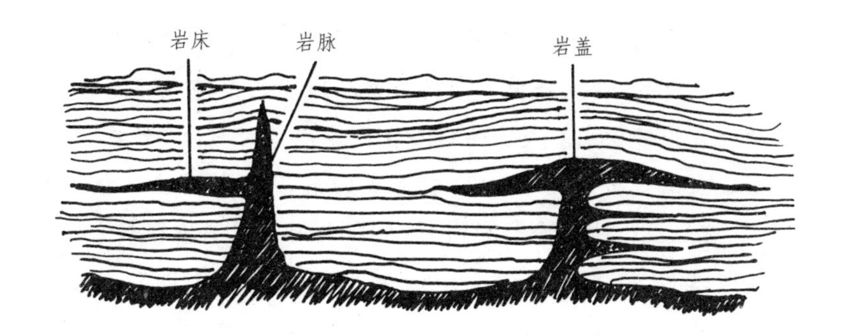
岩床
岩脉
岩盖

38. 盾状火山是怎么形成的

你将知道

盾状火山的形成过程。

准备材料

一支铅笔,一支用了一半的牙膏。

实验步骤

① 双手拿着牙膏软管。

② 把牙膏的盖子旋紧,再把牙膏向盖子的方向挤。

③ 用铅笔的笔尖在盖子的附近钻个洞。

实验结果

牙膏先是慢慢地从小洞里挤出来,然后会沿着管壁下垂。

实验揭秘

因为手指在牙膏管上施加压力,所以牙膏会被挤出来。地球内部巨大的压力,会把液态的岩浆从地壳的裂隙或是地表薄弱的地方推挤出来。液状的岩石在地球内部时叫做“岩浆”,当它通过火山口或裂缝溢出地表形成的岩石融化物就叫做“熔岩”。熔岩溢出地表冷却凝固后,会在火山口周围堆积起来,一般成圆锥形,就称为火山锥。每一次火山喷发,火山锥都会被覆盖上新的熔岩层。这种火山具有宽广缓和的斜坡,底部较大,整体看来就像是一个盾牌,所以就称为“盾状火山”。

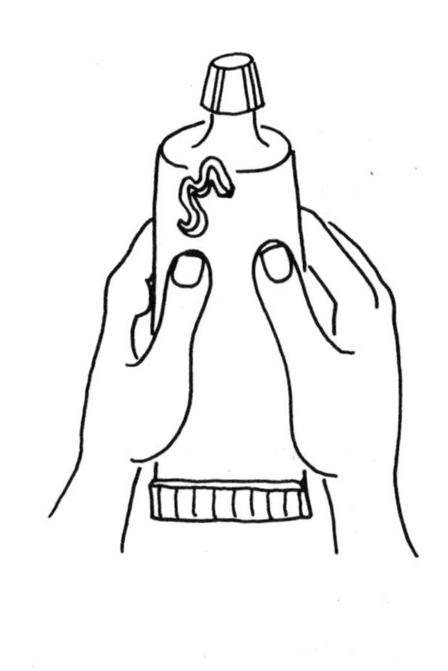

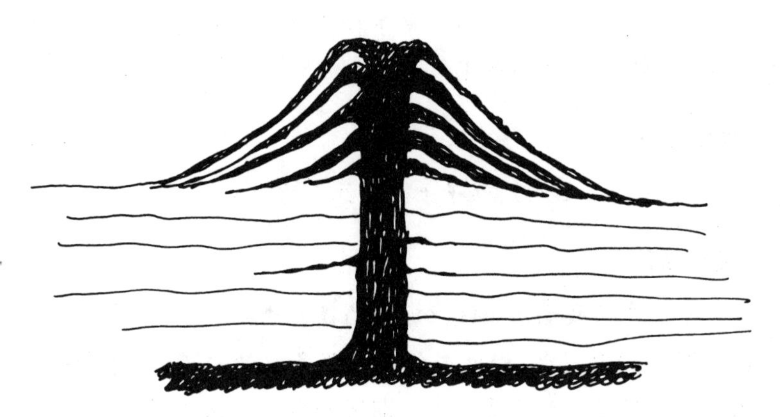

Ⅳ. 会变魔术的风和水

39. 岩石也会生锈吗

你将知道

氧也能把岩石弄碎。

准备材料

一团铁丝球(刷锅用的,别沾上肥皂),一个碟子。

实验步骤

① 把铁丝球弄成鸡蛋大小

② 把铁丝球弄湿后放在碟子上,放3天。

③ 3天后拿起铁丝团,用手指揉搓。注意:铁丝球有时会有刺,你最好戴上橡胶手套。

实验结果

揉搓铁丝球以后,碟子上会有红色的粉末出现。

实验揭秘

空气中的氧元素和铁丝球中的铁元素结合,会形成氧化铁(铁锈)。带有黄色、橙色或红褐色等条纹的岩石,一般都含有铁元素。岩石表面的铁元素和潮湿的空气接触以后,就会形成氧化铁,最后会变成沙土。

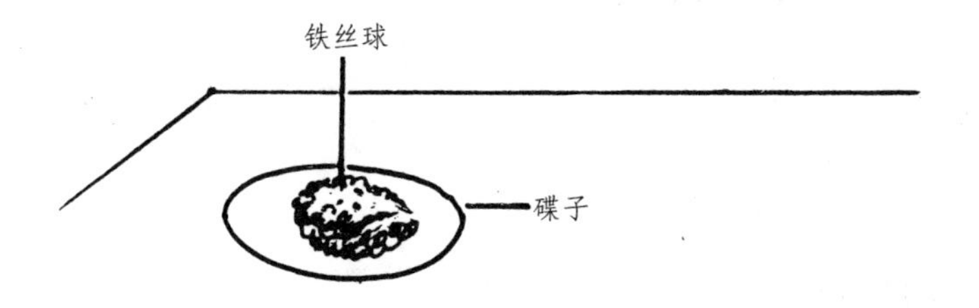
铁丝球
碟子

40. 谁弄坏了雕像

你将知道

酸对雕像的影响。

准备材料

一根粉笔，一些醋，一只玻璃杯。

实验步骤

① 往玻璃杯里倒入 1/4 杯的醋。

② 把一根粉笔放到玻璃杯里。

实验结果

气泡开始从粉笔里冒出来，而且粉笔会散开，最后完全溶解。

实验揭秘

醋是一种酸，它会慢慢地和粉笔发生化学反应。粉笔是用石灰石做成的。而石灰石与酸接触发生的化学反应可产生新的物质，其中之一就是从粉笔中冒出来的气泡——二氧化碳。酸和所有的矿物都会发生化学反应，从而使矿物发生变化，但是这种变化一般是很慢的。石像或石造的房屋表面之所以会慢慢受到破坏，罪魁祸首就是酸雨。酸雨是被大气中存在的酸性气体污染，pH 值小于 5.65 的降水。并非所有的降水都是酸雨。如果建造的石材有石灰成分或者就是石灰石，那么很快就会变得面目全非。当然，也有一些石头对酸雨有较强的抵抗力。

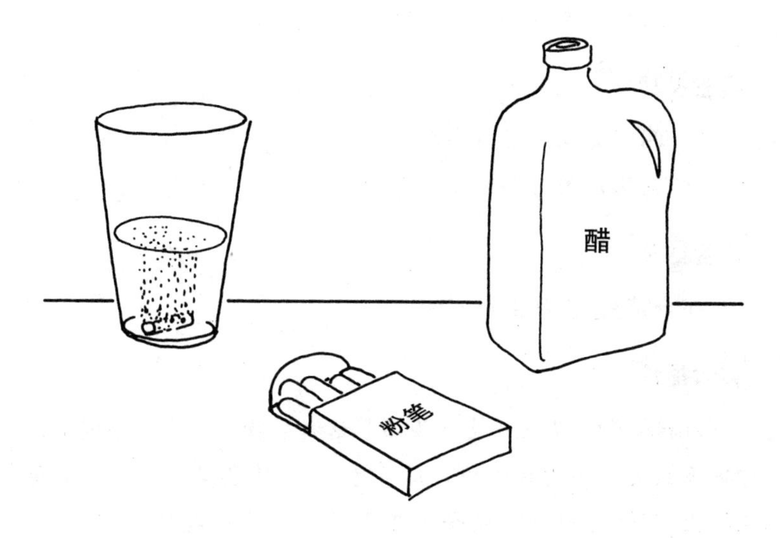
醋
粉笔

41. 沙土是从什么变来的

你将知道

岩石是怎么变成沙土的。

准备材料

一张纸,一支带橡皮擦的铅笔。

实验步骤

① 用铅笔在纸上写字。

② 用橡皮擦将字擦掉。

实验结果

字会消失,而纸上会有细末。

实验揭秘

在很多种岩石里都会发现石墨这种矿物。而橡皮擦则是用摩擦系数大的物质做成的。写字时,铅笔笔芯里的软石墨会留在纸上,用橡皮擦去擦就会把石墨的微粒和一些纸屑擦下来。当风将沙粒吹向岩石时,就会产生像橡皮擦那样的作用,把岩石表面削下小碎片。经过成年累月的作用,岩石就会被风化成小沙粒或细土。

42. 风也会侵蚀

你将知道

风蚀作用会使陆地变形。

准备材料

一把修指甲用的锉刀，一支六棱柱形铅笔。

实验步骤

① 用锉刀从前后方向锉铅笔的棱角。

② 看看铅笔表面会变成怎样。

实验结果

铅笔的棱角会被锉平。

实验揭秘

锉刀表面很硬而且很粗糙。用锉刀前后锉铅笔时，会锉下很多小木屑。空气流动形成风，风具有很大的动能，作用于物体时就形成风力。刮风时，风卷起的沙粒对地面会产生像锉刀锉铅笔那样的磨蚀作用，风吹起沙粒并挟带沙粒向前移动，形成风沙流，运动的沙粒对岩石表面或岩石裂隙等凹部进行冲击、摩擦，从而使地表物质遭受破坏，形成风蚀地貌，如风蚀蘑菇、风蚀洼地、雅丹、风蚀壁龛等。这种侵蚀就叫做“风蚀”。

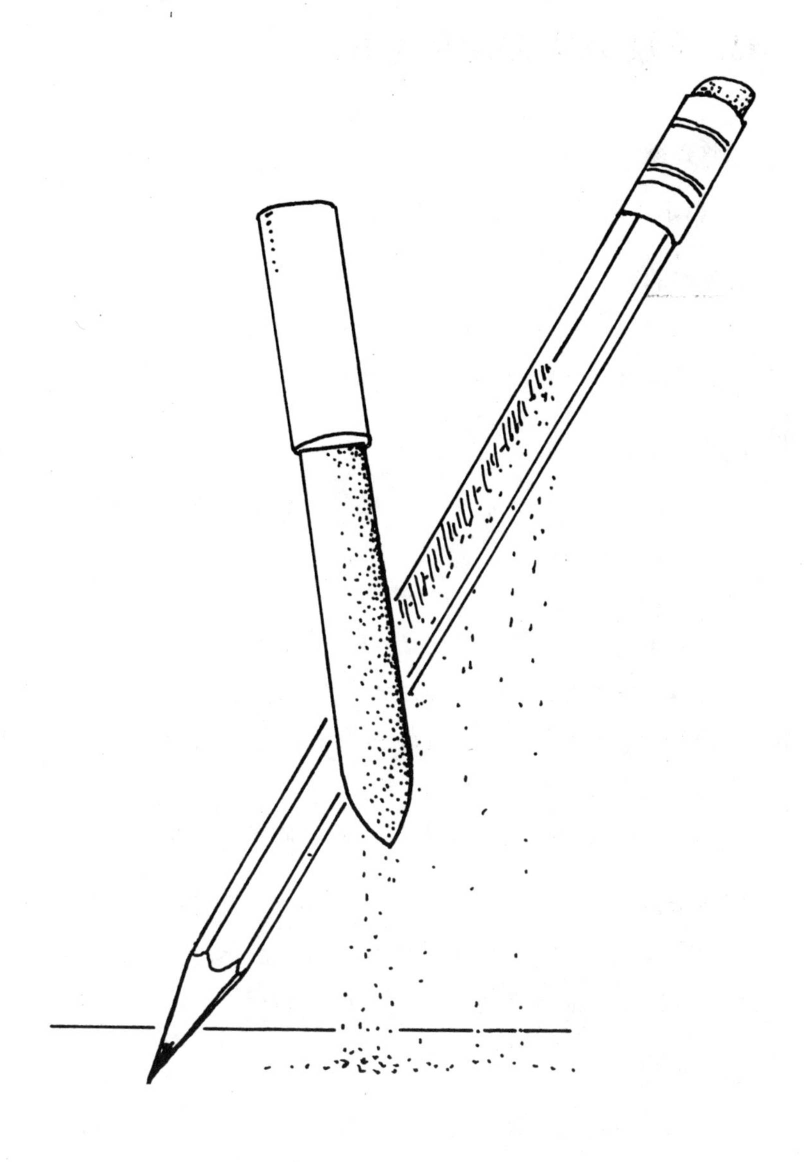

43. 土壤为什么会变贫瘠

你将知道

雨水是怎样影响地表土壤的。

准备材料

一些土,一些红色颜料,一把茶匙(5 毫升),一个漏斗,一张过滤纸,一只广口瓶(1 升),一只量杯(250 毫升)。

实验步骤

① 把 1/4 杯的土和 1/4 茶匙的红色颜料混在一起,充分搅拌。

② 把漏斗放在瓶口上。

③ 拿过滤纸放在漏斗里面,使过滤纸与漏斗面吻合。

④ 把染成红色的土倒在过滤纸上。

⑤ 再把 1/4 杯的水倒进漏斗。

⑥ 观察滴在瓶底的水。

⑦ 将瓶里的水倒掉,再倒入 1/4 杯的水在漏斗上。

实验结果

第一次加水后,从漏斗里滴下来的水是红色的。第二次加水后,从漏斗里滴下来的水几乎看不出颜色。

实验揭秘

在这个实验中,红色颜料代表土壤表层里能溶于水的养分。当雨水滴落在土壤表层时,土壤中的养分会溶解在水中,并顺着水流到达植物根系,从而促进植物生长。如果雨下得很大,雨水无法及时渗入土层，就会顺着坡沟下流，冲刷土壤，使水分和土壤同时流失，植物就会失去生长所需要的养分。由于水的流动，带走了地表的土壤，这就叫做水土流失。水土流失会使得土地变得贫瘠，岩石裸露，植被破坏，生态恶化。

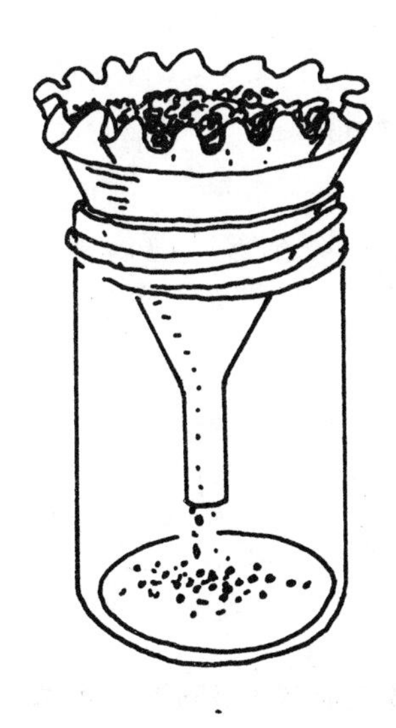

44. 水也能将石头滴穿

你将知道

水滴石穿是怎么发生的。

准备材料

一块海绵，一块肥皂。

实验步骤

① 把海绵放在水龙头下的水槽里。

② 将肥皂放在海绵上。

③ 打开水龙头，将水流调小，使水缓慢地滴落在肥皂的中心。

④ 就这样让水滴 1 个小时。

实验结果

肥皂中心会陷下去。

实验揭秘

当水滴在肥皂上时，在肥皂受撞击的部位，小颗粒会被冲掉。如果滴水的时间足够长，肥皂就会被滴穿。当然我们并不建议你为了看这一现象而浪费太多的水。形成一个洞所需要的时间，要看肥皂的硬度以及它的易溶性。如果让水不停地流，肥皂最后会全部溶于水而消失。同理，瀑布下面的岩石长期在水流的撞击下，水滴石穿，岩石也会自然地碎成小块。虽然岩石比肥皂硬得多，也不易溶于水，但在水流长年累月不停的撞击下，也会破碎成小块。

45. 什么是水土流失

你将知道

水流速度对水的侵蚀作用的影响。

准备材料

一支铅笔，一只纸杯，一根吸管，一块橡皮泥，一块木板（长为 30 厘米），一些土，一只装满水的广口瓶（4 升）。

实验步骤

注意：这个实验最好在室外做。

① 用铅笔在纸杯的杯壁下部钻一个洞。

② 把吸管剪成两截，把其中一截插入纸杯的洞中。

③ 用橡皮泥将纸杯上的吸管周围的缝隙封好。

④ 把木板放在地上，用土将木板的一端垫高 5 厘米左右。

⑤ 在木板表面撒上薄薄的一层土。

⑥ 把杯子放在木板垫高的一端，吸管朝向另一端。

⑦ 用手指堵着吸管口，把水倒满杯子。

⑧ 放开堵着吸管口的手指，观察水流的情况。

⑨ 把木板洗干净后，再铺上一层土。

⑩ 然后把木板的一端垫高 15 厘米。再重复⑤～⑧的步骤，再观察水流的情况。

实验结果

木板上的土会被水冲走。木板越斜，冲走的土就越多。

实验揭秘

当斜度加大时，水流的速度就会加快，水流的能量也越大。在这个实验中，从上面流下来的水会把土往下冲，而且水的流速越大，能量就越大，被冲走的土就越多。

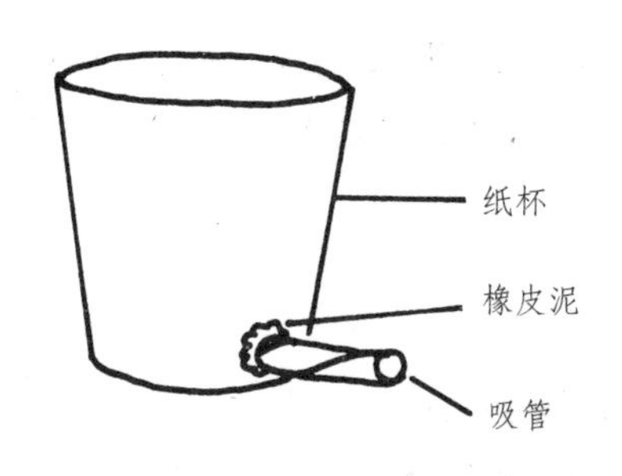

46. 流水也会兜着走

你将知道

河水为什么并不总是直着流。

准备材料

一只纸杯,一支铅笔,一根吸管,一块橡皮泥,一块木板(长30厘米),一些土,一些小石头,一只装满水的瓶子(4升)。

实验步骤

注意:这个实验最好在室外做。

① 用铅笔在纸杯的杯壁下部钻一个洞。

② 把吸管剪成两截,把其中一截插入纸杯的洞中。

③ 用橡皮泥将纸杯上的吸管周围的缝隙封好。

④ 把木板放在地上,用土将木板的一端垫高5厘米。

⑤ 在木板表面撒上薄薄的一层土。

⑥ 把杯子放在木板垫高的一端,吸管朝向另一端。

⑦ 拿一个小石头放在吸管的正前方。

⑧ 把水倒进杯子,水从吸管流出,形成水流。

⑨ 放上多块小石头以改变水流的方向。

实验结果

木板上会出现弯弯曲曲的水流。

实验揭秘

河流中无法被流水冲走的障碍物会改变水流的方向。水会沿着冲不走的石头周围流动。水会向阻力最小的方向流,所以泥土很容易被冲走。当水流碰到阻力大的岩石或是无法推动、不易溶于水的障碍物时,水流的方向就会改变。

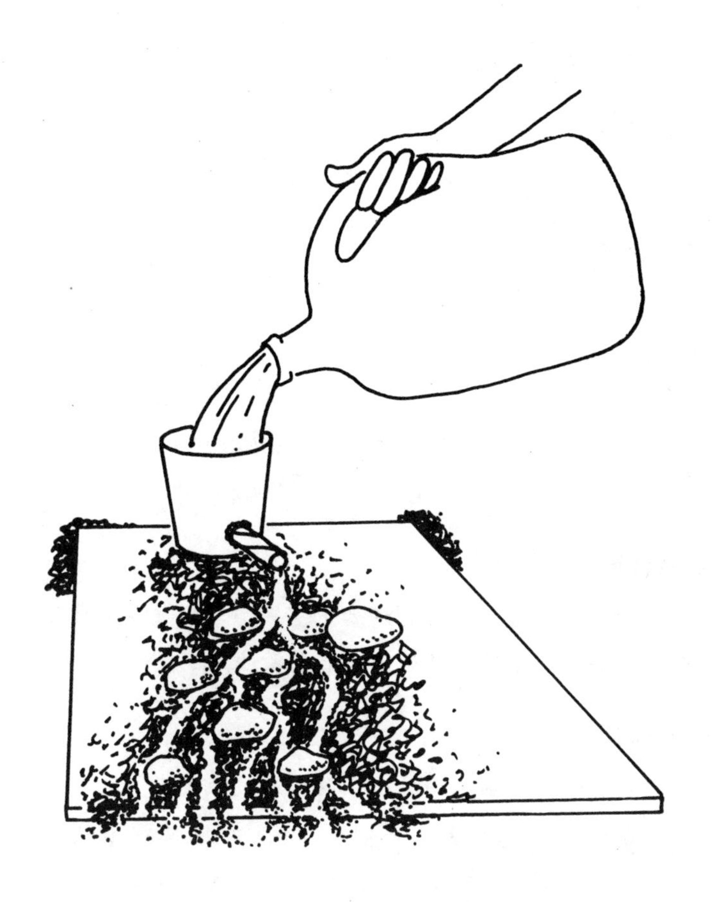

47. 旱地和湿地，谁更怕风

你将知道

土壤的干湿程度会影响其被侵蚀的程度。

准备材料

一个打孔机，一张纸，一个烤盘，一碗水。

实验步骤

① 用打孔机打50张小纸片。

② 把这些纸片放在烤盘的一侧。

③ 站在有纸片的这一侧，用嘴吹纸片。观察纸片的情况。

④ 把纸片放回原位，用手指沾水，把纸片弄湿。

⑤ 再用嘴吹纸片。观察纸片的情况。

实验结果

干的纸片很容易被吹到烤盘的另一侧，有一些甚至会被吹到盘子的外面。湿的纸片则不太容易被吹动。

实验揭秘

轻而且能够自由移动的小东西容易被风吹走。地表就有这样的小东西，比如小沙粒。我们可以在沙漠或海边看到小沙粒被风吹动的情形，不过，水可以改变这种情形。实验中湿的纸片会互相粘在一起而变重，所以很难吹动它们。同样的道理，水分多或植物多的地方，就不容易受到风的侵蚀。

你知道吗？在我国风沙危害和水土流失都很严重的“三北地区”（西北、华北地区的北部、东北地区的西部），建设有大型防护林体系，简称三北防护林，它东西绵延几千千米，有“绿色万里长城”之称。

48. 水跟冰,谁的力气大

你将知道

水结冰后能否推动岩石。

准备材料

一根吸管,一块橡皮泥,一只水杯。

实验步骤

① 把吸管的一端插入水杯中。

② 用嘴含着吸管的一端吸气,使吸管里充满水。

③ 用舌头顶着吸管的一端,不要让里面的水流出来,然后用橡皮泥封住吸管的另一端。

④ 拿着吸管,把刚才用舌头顶着的一端也用橡皮泥封住。

⑤ 把装着水的吸管在冰箱冷冻室中放 3 个小时。

⑥ 然后取出吸管,看看吸管的两端会变成怎样。

实验结果

吸管一端的橡皮泥会被吸管里伸出来的冰柱推出来。

实验揭秘

与大多数的物质不同的是,水在结冰后体积会变大。当岩石上的水与岩石缝隙里的水结成冰以后,会使岩石移动或使岩石裂开。当水结冰时,因体积变大而膨胀时,会破坏岩石弱的部位。当道路结冰时,路面上出现的壶状孔,就是由水的这一特性造成的。

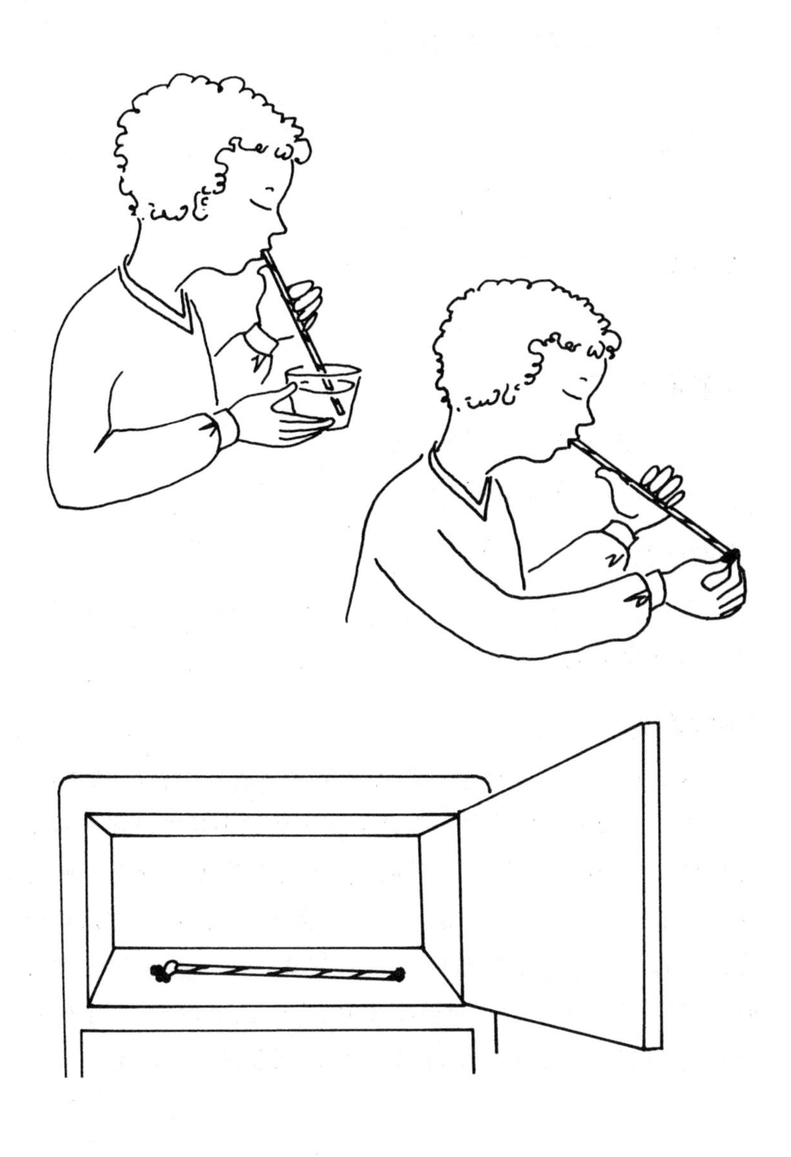

49. 沙丘是怎么形成的

你将知道

沙丘是怎么形成的。

准备材料

一根吸管,一个烤盘,一些面粉。

实验步骤

① 把面粉薄薄地撒在烤盘上。

② 用吸管从盘子的一端吹气。

实验结果

面粉会被吹离烤盘的一端并形成半圆形的纹路。而且面粉会堆在吸管口附近。

实验揭秘

从吸管口吹出来的运动着的空气有动能。面粉颗粒很小,所以会被运动的空气吹起并带走。有些非常小的颗粒还会被吹得很远,但大部分的颗粒会因为空气的动能消失而掉落在吸管口附近堆积成小丘。随着这种小丘形成并变大,本来可以被吹得很远的小颗粒会受到阻碍而堆积下来。沙丘也是这样形成的。因风向的不同,沙丘的形状各异,有新月形沙丘、金字塔形沙丘、格状沙丘、纵向沙丘、蜂窝状沙丘、圆状沙丘等之分。

50. 水也会有侵蚀作用

你将知道

水的流动对侵蚀作用有何影响。

准备材料

两颗一样的彩色硬糖，两只一样大小的带盖的广口瓶，一只量杯(250 毫升)。

实验步骤

① 在两只瓶子里分别倒入一杯水。

② 往瓶子里各放入一颗糖，然后盖紧盖子。

③ 将一只瓶子静置两天。

④ 在一天的时间里，多次摇动另一只瓶子。

实验结果

静置的瓶子里的糖果，没什么变化。而多次摇动瓶子后，瓶子里的硬糖会变得更小。

实验揭秘

两颗糖果都溶于水。用力摇动瓶子，就会使水对糖果产生摩擦，一些被摩擦下来的小糖粒就会更快地溶于水中，从而使糖果变小。由于水的侵蚀作用，池塘里的硬泥块和静置的瓶子里的糖果一样，在水中溶解得很慢。就像被摇动的瓶子里的糖果一样，在水流湍急的河流中，同样的硬泥块会更快地溶于水中并变小直到消失。

51. 天然石桥是怎么形成的

你将知道

大自然中的天然石桥是怎么形成的。

准备材料

几本书，两把一样的椅子。

实验步骤

① 将两把椅子相隔30厘米面对面地放好。
② 在椅子上各放一本书，书的一边要与椅子的边缘对齐。
③ 接下来每放上一本书时，书的边缘都要稍微超出前一本书。
④ 两把椅子上的书越堆越高，距离也就越近。最后放一本书在两叠书的上面，就形成了一座桥。

实验结果

从最下面的一本书起，叠在它上面的书慢慢地超出椅子的边缘，最后一本书的两边完全跨出了椅子的范围，可是并没有掉下去。

实验揭秘

地球上的物体都会受到重力的作用。从效果上看，我们可以认为物体各部分受到的重力作用会集中于一点，这一点就叫做物体的重心。任何物体都有重心。除了构成桥面的那本书，其余叠成桥梁的那些书的重心都在椅子上，所以能保持平衡。在自然界中，由于风化或水力侵蚀将较软的岩石侵蚀掉，中间较硬的岩石会形成天然的桥梁。那些形成桥梁的岩石的重心都落在桥梁两边的岩石上,所以能保持平衡,不会倒塌。

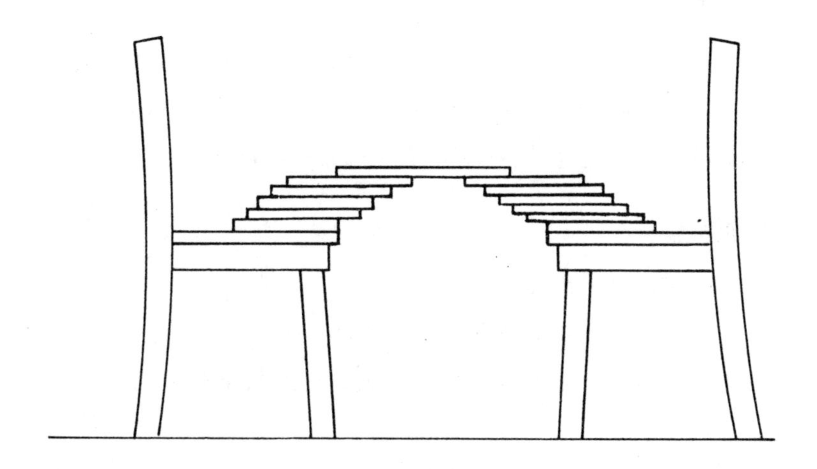

52. 地壳是均衡的吗

你将知道

侵蚀作用会使山体抬升。

准备材料

一块木板(5 厘米 ×10 厘米 ×5 厘米),一个透明的容器(体积是木块的两倍),一些沙子(也可用盐来代替),一卷胶带纸,一把剪刀,一支签字笔,一把尺子,一把汤匙(15 毫升)。

实验步骤

① 将透明容器装上一半的水。

② 剪一段胶带纸粘在透明容器的一侧。

③ 将透明容器上的胶带纸按厘米刻度从上到下用笔划上记号。

④ 再剪一段胶带纸粘在木块上,也按厘米刻度从上到下用笔划上记号。

⑤ 将木块放入透明容器中。

⑥ 舀一汤匙的沙子倒在木块上。

⑦ 分别观察透明容器与木块上的水面位置。

⑧ 用汤匙将木块上方的沙子全部刮到容器里的水中。

⑨ 分别观察透明容器与木块上的水面位置。

实验结果

当木块上的沙子去掉以后,木块向上浮得更高,但是容器里的水位不变。

实验揭秘

容器里的水面高度会受沙子和木块的重量的影响。将沙子从木块上移走时，木块的重量会变轻，所以木块会往上浮。当沙子从木块上进入水中时，并未改变水所承受的总重量，因此容器里的水位不变。当山体受风力或水力侵蚀时，也会获得这种升降的平衡。与砂石被冲入湖中会使湖面上升一样，山体的重量减轻也会使它在地幔上浮得更高。当海岸上的沉积物增加时，则会使海岸下方的地壳下沉。当山体上升时，海洋的地壳就会相应地下沉。地壳这种使大陆升降的力保持平衡的现象，就称为地壳均衡。据统计，全球近90%的地区基本上处于地壳均衡状态。

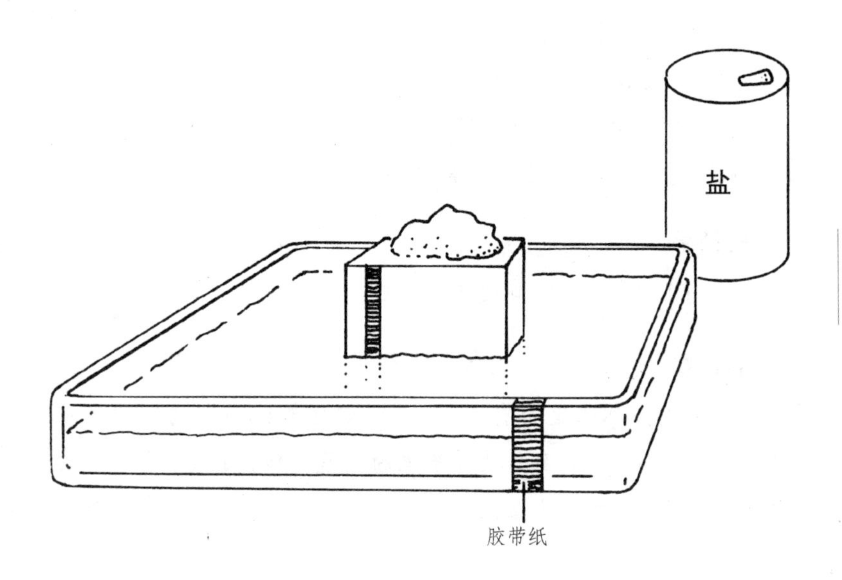

V．神奇的空气

53．空气也需要空间

你将知道

空气也需要空间。

准备材料

一只透明玻璃杯，一块大碗（两升），一小块软木塞。

实验步骤

① 装半碗水。

② 把软木塞放入水中。

③ 再把杯子拿到软木塞的上方。

④ 杯口朝下，垂直地把杯子压入水中。

实验结果

水面上的软木塞，会被压到杯底。

实验揭秘

这是因为杯子里面有空气，它也需要占据一定的空间。在杯子盖住的地方，水面会被杯子里的空气压低，因此杯子里面的水位和软木塞，都会被压低。

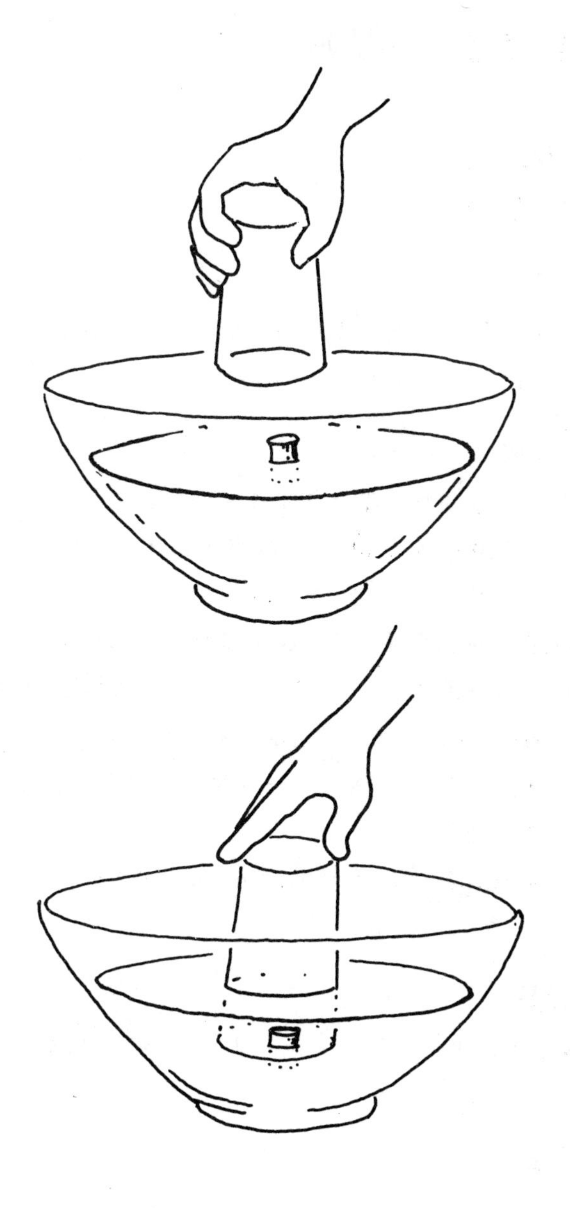

54. 空气也有重量吗

你将知道

空气有没有重量。

准备材料

一卷胶带纸，一只圆气球（充满气后，气球的直径大约有23厘米），一把直尺，一团棉线，一块橡皮泥，一根大头针。

实验步骤

① 拿一小块橡皮泥放在直尺的一端。

② 把气球尽量吹大，然后用棉线扎紧气球口，将气球绑在直尺的另一端。

③ 将一段2.5厘米长的胶带纸贴在气球口的附近。

④ 将棉线系在直尺的中心。再把直尺吊起来，并左右调整棉线，使直尺的左右保持平衡。

⑤ 用胶带纸把棉线的另一端固定于门框（或桌沿）上，使直尺自由悬挂。

⑥ 在气球贴有胶带纸的地方，用大头针慢慢地刺进气球里，然后抽出来。

实验结果

随着气球里的空气不断地漏出来，有橡皮泥的直尺一端会下沉。

实验揭秘

这是因为空气也有重量。当空气从气球里漏出来以后，气球会变轻，因此系有气球的直尺一端会翘起来。地球被空气包围着，一平方厘米的地面上的空气平均大约有一千克。

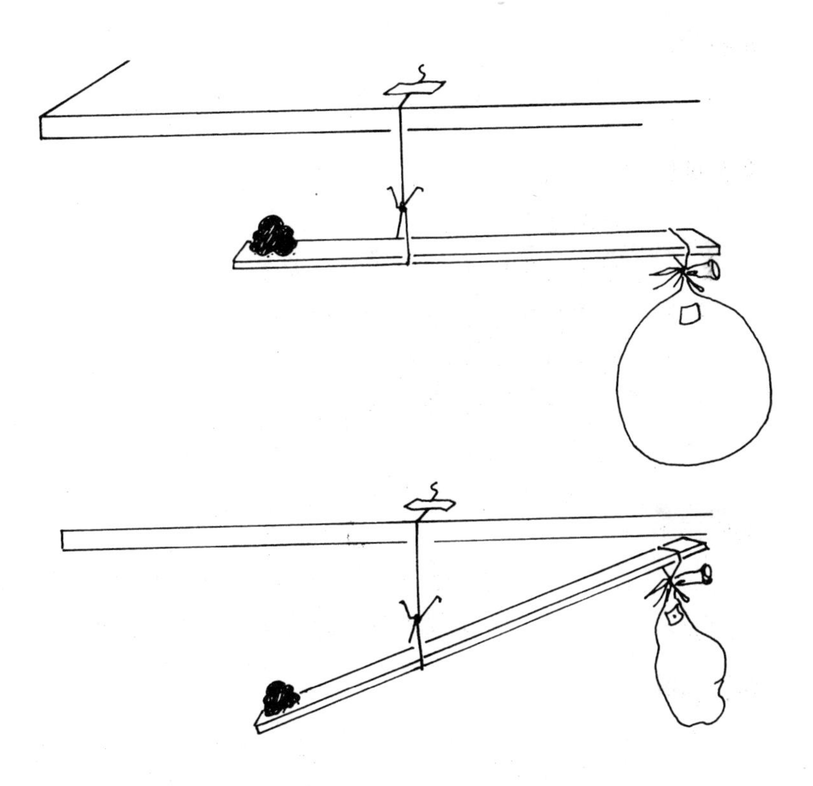

55. 空气的力量有多大

你将知道

空气的力量有多大。

准备材料

两支塑料吸管,一颗生的马铃薯。

实验步骤

① 把马铃薯放在桌子上。

② 用手拿着吸管的一端,不要塞住吸管。

③ 将吸管拿到马铃薯上方约 10 厘米处。

④ 将吸管用力快速地戳向马铃薯。

⑤ 再拿一支吸管,用拇指压紧吸管一端的出口。

⑥ 以同样的方式去戳马铃薯。

实验结果

用开着口的吸管去戳马铃薯,吸管会变弯,浅浅地戳进马铃薯里;用手压紧吸管口再戳,吸管就会深深地戳进马铃薯里。

实验揭秘

地球上的空气主要是由氮气、氧气和二氧化碳等气体组成的。我们虽然看不见空气,但是可以观察到它的存在。当空气快速流动时,就会形成风。风也具有能量,所以根据风力大小可将风分为不同的级别。台风、龙卷风等甚至可以将房屋刮倒。被封在吸管里的空气,使吸管可以变成“大力士”深深地戳进马铃薯里。这是因为吸管里的空气会从吸管里面挤压,使得吸管变得强硬而不会被压弯。当吸管戳进马铃薯时，吸管里面的空气会被压缩，所以空气的压力还会相应地增大。

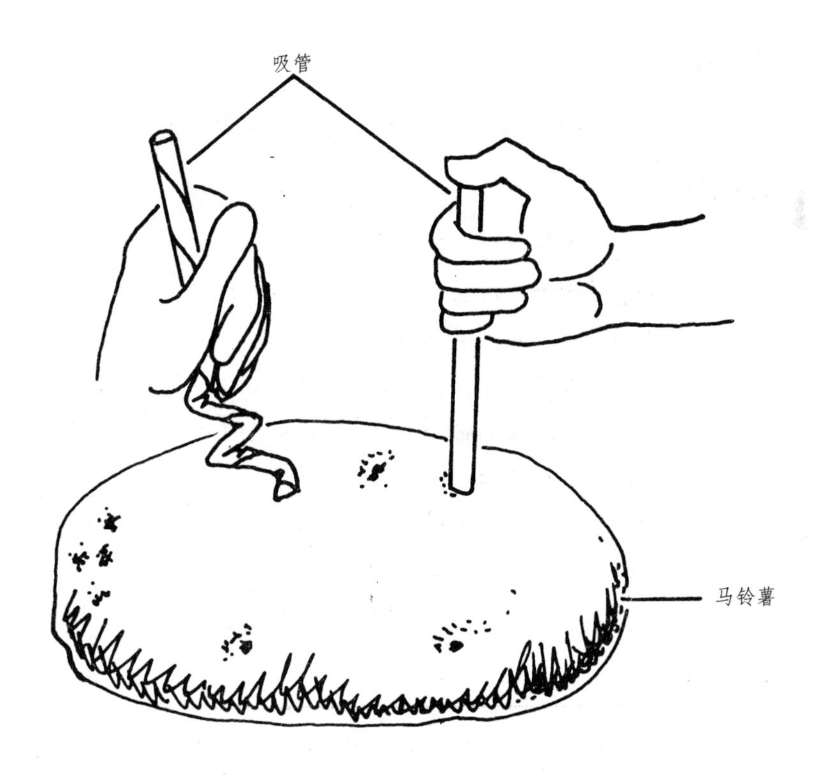

56. 大气中的二氧化碳有什么作用

你将知道

地球的温度为什么能保持稳定。

准备材料

两支温度计,两只塑料袋(一大一小),两根橡皮筋。

实验步骤

① 把一支温度计放进小塑料袋里。

② 将小塑料袋吹大以后,用橡皮筋绑紧袋口。

③ 再将小塑料袋放进大塑料袋里。

④ 把大塑料袋吹大以后,用橡皮筋绑紧袋口。

⑤ 将大塑料袋放在能照到阳光的窗台上。另一支温度计则放在大塑料袋的旁边。

⑥ 30 分钟以后,记下两支温度计的温度读数。

⑦ 把塑料袋和温度计都移到阴凉的地方。

⑧ 30 分钟以后,再记录两支温度计的温度读数。

实验结果

在阳光下,袋子里面的温度比外面高。移到阴凉的地方以后,袋子里面的温度要比外面的温度降得慢。

实验揭秘

和地球的大气层一样,塑料袋里双层的空气也会产生像温室一样的作用。包围着温度计的空气以及包围着地球的大气,都会吸收太阳的光能并将之转化成热能储存起来。进入地球大气层的太阳光线，当它被植物吸收时，植物会通过光合作用制造养分；当它被土壤吸收时，会变成热能。地球表面也会向外层空间散发热能，但是大气层中的二氧化碳等气体会吸收一部分的热能并将一部分热能反射回地面。同样的，两只塑料袋里的空气都会吸收热量，所以袋子里面的温度计的温度会上升。和装着空气的塑料袋一样，地球的大气层就像是一个绝缘体，会将白天从太阳光线里吸收的热能保存起来。而储存在大气层中的热能，会不停地从一个地方移到另一个地方，这就使地表白天和夜晚的温差不会太大。大气中的二氧化碳就像一层厚厚的玻璃，使地球变成了一个大暖房。据估计，如果没有大气，地表平均温度就会下降到 -23℃，而地表的实际平均温度为 15℃。

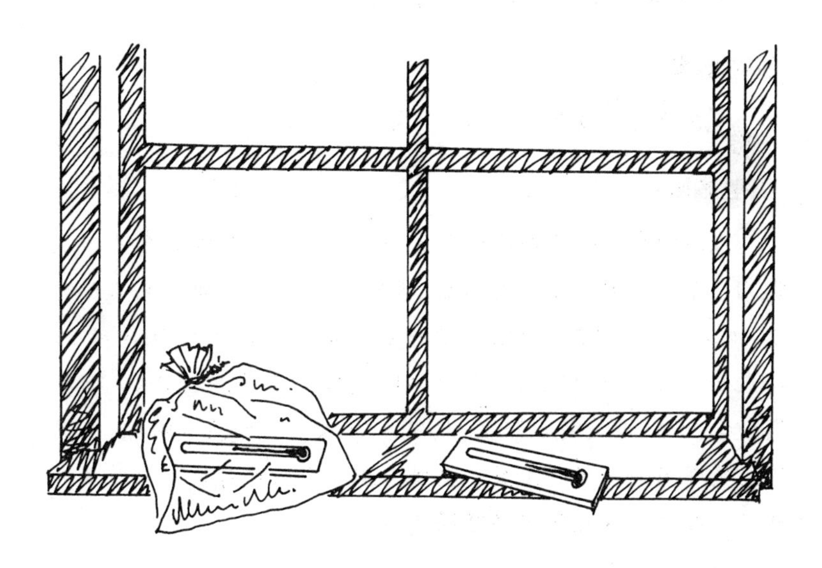

57. 空气也会热胀冷缩吗

你将知道

温度是怎样影响气压的。

准备材料

一只玻璃瓶，一只气球。

实验步骤

① 把开着口的空瓶子在冰箱的冷冻室里放1个小时。

② 然后把空瓶子从冷冻室里拿出来。

③ 把气球套在空瓶子的瓶口外。

④ 把瓶子放在室温下15分钟。

实验结果

气球会稍稍鼓起来。

实验揭秘

瓶内的空气被冷却后体积会缩小，因此更多的空气会进入瓶内。等瓶口被气球密封以后，瓶内的空气由于温度升高而膨胀，所以会进入气球，使它膨胀起来。大气中的空气也一样，遇冷就会收缩，遇热就会膨胀。所以，一旦空气的温度升高，热空气就会上升，导致气压降低；相反地，如果空气的温度降低，冷空气就会下移而使气压升高。温度是影响气压的因素之一。气压升高一般预示着天气即将变得晴朗。

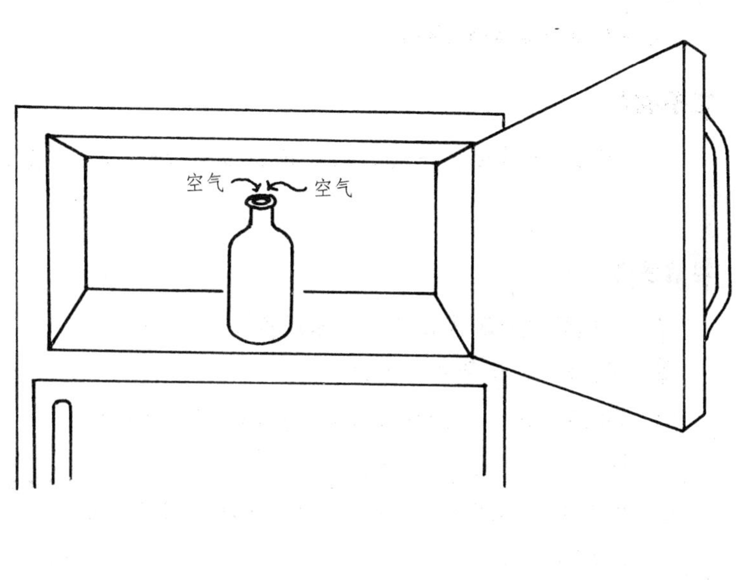
空气
空气

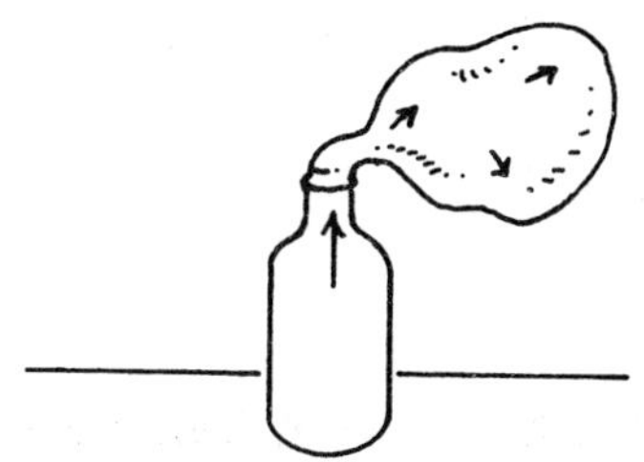

58. 空气也会运动

你将知道

气温对空气运动的影响。

准备材料

一把尺子，一盏台灯，一张纸，一团棉线，一把剪刀，一卷胶带纸。

实验步骤

① 用纸剪出一张直径为6厘米的螺旋形纸条。
② 剪一段15厘米长的棉线。
③ 用胶带纸把棉线的一端粘在螺旋形纸条的中心。
④ 将台灯的灯泡朝上，并打开灯。
⑤ 用手拿着棉线的另一端，把螺旋形纸条吊在灯泡的上方约15厘米处。

实验结果

螺旋形纸条会开始旋转。

实验揭秘

发光的灯泡散发出来的热能，会使灯泡上面的空气温度上升。当空气分子吸收了热能以后，空气分子的运动就会变快，同时分子间的距离也会拉大，空气也就变轻而上升。而周围温度比较低的空气则下沉填充。只要灯一直开着，暖的空气就会持续上升，而冷的空气则会源源不断地下沉补充。这种因温度差异而产生的空气运动，就叫做“对流”。

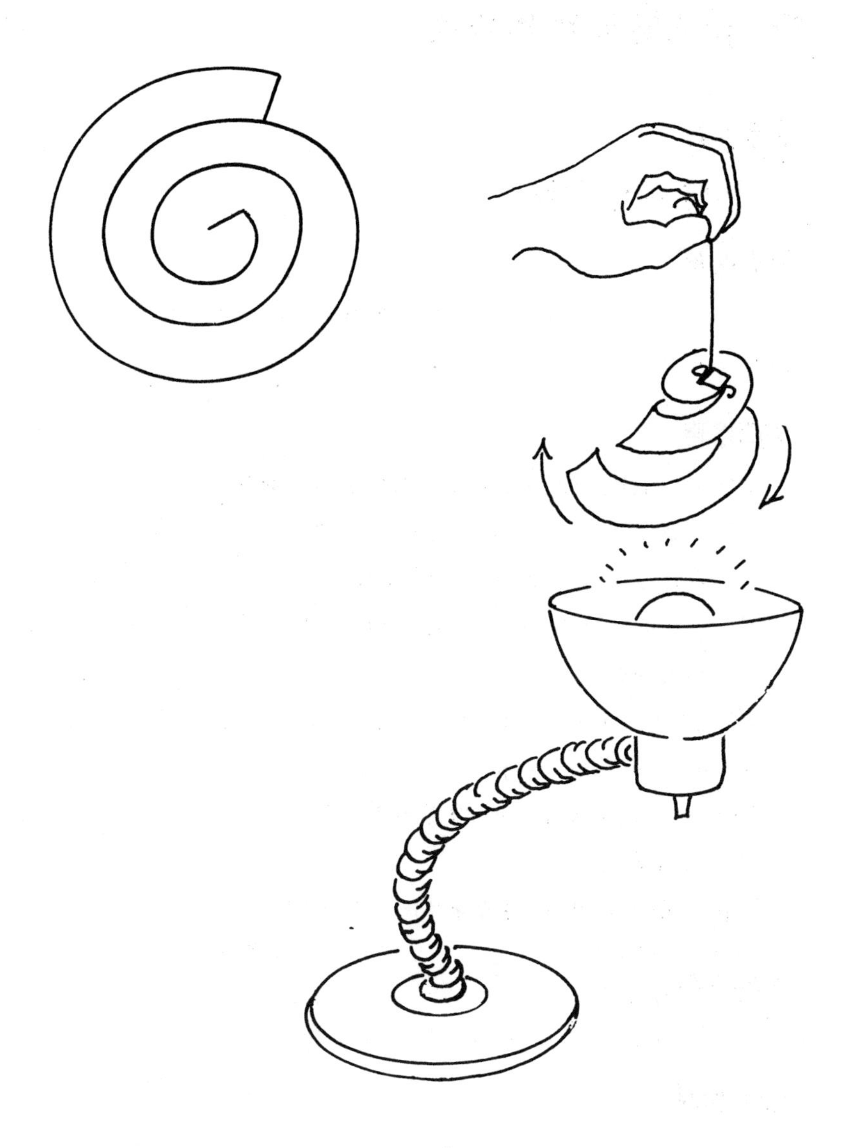

59. 什么是海风和陆风

你将知道

海风和陆风产生的原因。

准备材料

一把尺子，两支温度计，两只玻璃杯（可装入温度计），一盏台灯，一些泥土。

实验步骤

① 把水倒进一只玻璃杯，杯里的水高 6 厘米。

② 把泥土倒进另一只玻璃杯，杯里的泥土高 6 厘米。

③ 把温度计分别插入两只玻璃杯里。

④ 将两只杯子放在桌上静置 30 分钟，然后分别记录温度计上的读数。

⑤ 把台灯放在两只杯子的中间，打开开关，使灯光能均匀地照射到两只杯子。

⑥ 一个小时以后，再记录温度计上的读数。

⑦ 关掉台灯。

⑧ 一个小时以后，再记录温度计上的读数。

实验结果

泥土的温度比水的温度上升得快，下降也快。

实验揭秘

陆地和海洋的温度变化差异，对空气的运动也会有影响。白天陆地受太阳辐射增温，陆地上空的空气迅速增温并向上抬升。海面上由于其热力特性受热慢，上空的气温相对较冷，冷空气下沉并在近地面流向附近较热的陆地面，补充那儿因热空气上升而造成的空缺，形成海风。夜间陆地冷却快，海上较为温暖，近地面气流从陆地吹向海面，称为陆风。夏季沿海地区比内陆凉爽，冬季比内陆温和，这和海风有关。所以海风可以调节沿海地区的气候。

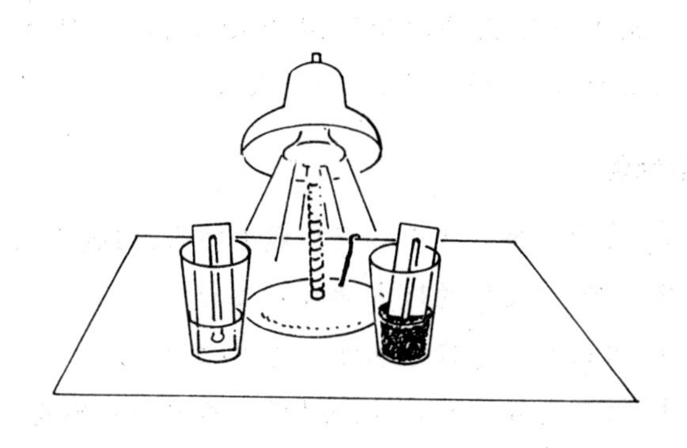

60. 如何测量风速

你将知道

风速是怎样被测量出来的。

准备材料

一支带有橡皮擦的铅笔，4 只小纸杯（每只容量为 150 毫升），两支吸管，一根大头针，一卷胶带纸。

实验步骤

① 将两支吸管在中心交叉成十字形，用胶带纸固定。

② 在吸管交叉的地方插入大头针。

③ 用铅笔在每只纸杯外侧的中心戳个洞。

④ 将两支吸管的四端分别插入不同纸杯的洞里。

⑤ 用胶带纸将吸管与纸杯固定好，使 4 只杯子保持水平。

⑥ 把穿过吸管中心的大头针插在铅笔的橡皮擦上。

⑦ 垂直地拿着铅笔，放在离脸部约 30 厘米的前方。

⑧ 轻轻地向杯子吹气。观察杯子的转动情况。

⑨ 然后再用力地向杯子吹气。观察杯子的转动情况。

实验结果

轻轻地向杯子吹气时，杯子会慢慢地转动；而用力地向杯子吹气时，杯子会快速转动。

实验揭秘

你做的这种风速计叫“鲁宾逊风速计”。风速计是用于测量风速的仪器。当风吹动杯子时，杯子就会转动。吹向杯子的风速大小，是以测量每分钟杯子平均转动的圈数来确定的。如今运动场上常见的超声波风速仪诞生于20世纪70年代。它的基本原理是，让成对的交换器相互发出和接收超声波脉冲，由于空气是声波传递的介质，气流运动的速度会影响声波传递的速度。因此，通过测量和计算超声波传递中的时间差，就可以确定风速的大小。

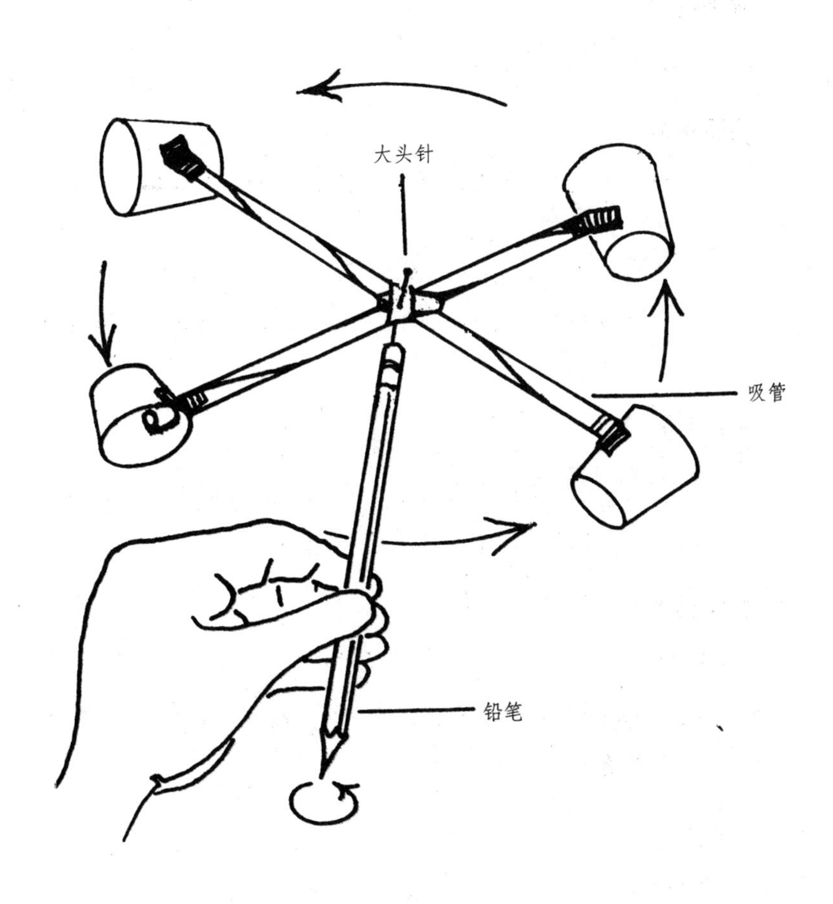

61. 为什么冬天会变冷

你将知道

冬天为什么会变冷。

准备材料

一把手电筒,一张黑纸。

实验步骤

① 打开手电筒,在黑暗的房间里,把手电筒放在黑纸的正上方约15厘米处。

② 观察手电筒的光线照在纸上的范围和形状。

③ 用手电筒斜照着那张纸,再观察手电筒的光线照在纸上的范围和形状。

实验结果

直射的光线在黑纸上会形成一个小而亮的圆形。而斜射的光线在黑纸上会形成一个更大更暗的图形。

实验揭秘

冬季是一年中正午太阳高度角最小、白昼最短的一段时间。而夏季则是一年中正午太阳高度角最大、白昼最长的一段时间。在冬天,正午太阳高度角较小(斜射程度大),等量太阳辐射经过的大气层路程长,受大气层削弱比较多,到达地面的太阳辐射比较少;同时由于正午太阳高度角较小,等量太阳辐射散布的面积比较大,单位面积获得的能量较少;加上此时白昼时间较短,获得的太阳辐射也少,所以冬天的温度比别的季节都低。

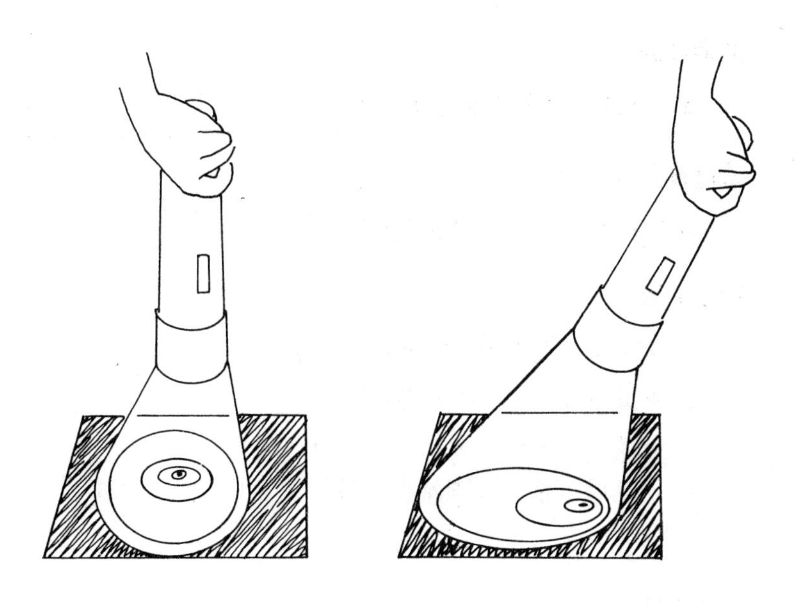

Ⅵ. 爱变脸的天气

62. 温度计为什么可以显示温度的高低

你将知道

温度计是怎样表示温度高低的。

准备材料

一支室外温度计,一只杯子,一些冰块。

实验步骤

① 用手指按住温度计末端的球状部位。
② 观察温度计里的液柱高度。
③ 往杯子里倒一些水,然后倒入冰块,搅拌。
④ 将温度计的球状部位放进冰水里。
⑤ 再观察温度计里的液柱高度。

实验结果

用手指按住温度计的球状部位,会使温度计里的液柱上升。把温度计放进冰水里,温度计里的液柱则会下降。

实验揭秘

当手指按住温度计的球状部位时,手指散发出来的热量会使温度计里的液柱升温,使其膨胀而沿着温度计里的管子上升。冰水则会使温度计里的液柱温度下降,体积收缩,而沿着温度计里的管子下滑。室外温度计是用来测量室外的气温的。室外空气的升温或降温都会使温度计里液柱的体积膨胀或收缩，从而用来测量室外的空气温度。

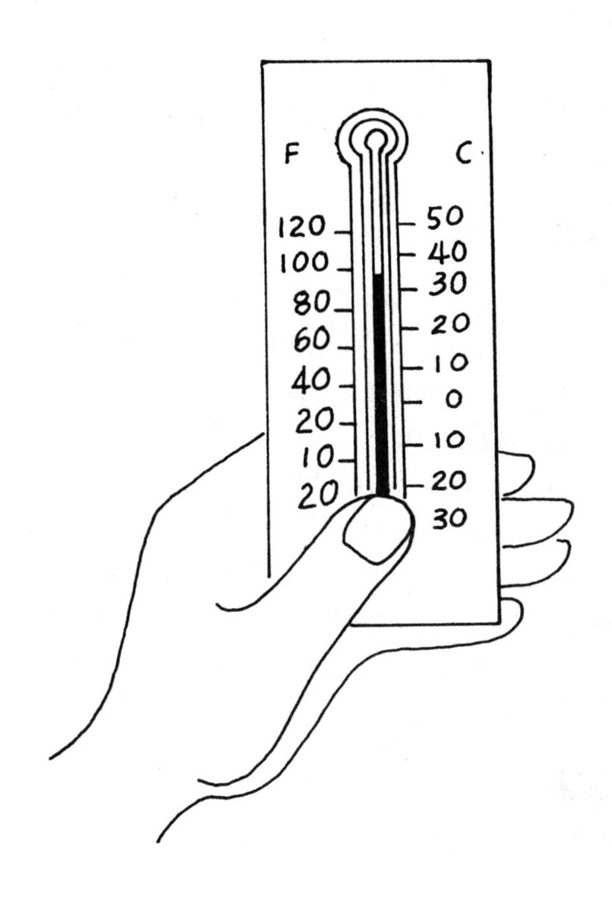

63. 气压计是如何指示气压高低的

你将知道

气压是怎样被测量的。

准备材料

一只小的广口瓶,一只大的广口瓶(1 升),两只圆气球(充满气后,直径约 23 厘米),一把剪刀,一瓶胶水,一根牙签,两根橡皮筋。

实验步骤

① 把一只气球的上面部分剪掉。

② 将那只气球剩下来的部分撑开蒙在小瓶子的瓶口上,用橡皮筋将气球与瓶口扎紧。

③ 用胶水把牙签细的一端粘在小瓶子的瓶口上,晾干。

④ 把小瓶子放进大瓶子里。

⑤ 将另一只气球的下面部分剪掉,把剩下来的部分撑开蒙在大瓶子的瓶口上,用橡皮筋将气球与瓶口扎紧。

⑥ 把大瓶子上的气球口扎紧。

⑦ 当你将大瓶子上的气球口往上拉、往下压时,观察小瓶子上的牙签。

实验结果

牙签会上下移动。

实验揭秘

把气球往下压,会使大瓶子里的空气压力变大。大瓶子里压缩的空气会压在小瓶子的橡皮罩上。这时，小瓶子上的橡皮罩就会被压下去，牙签细的一端就会跟着往下压，牙签粗的一端就会往上翘。往上提气球口时，大瓶子里的空气体积变大，所以单位面积上的气压变小。小瓶子橡皮罩上的空气压力变小，小瓶子里的空气就会膨胀，从而把橡皮罩往上顶，牙签细的一端跟着往上翘，牙签粗的一端就会往下沉。

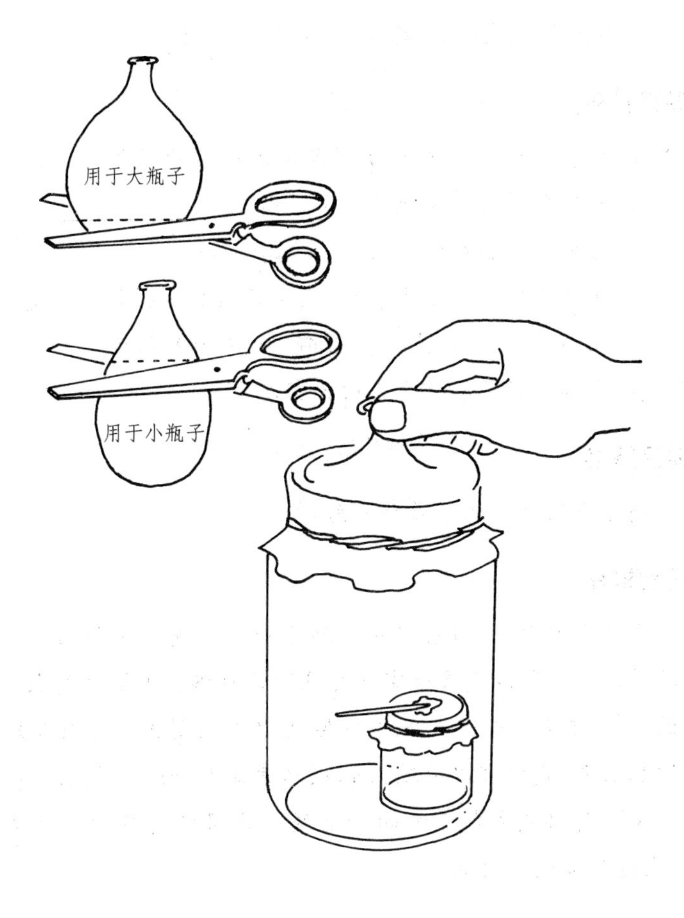

64. 观云识风向

你将知道

如何通过自制的测云器来观察风向。

准备材料

一面镜子,一根签字笔,一个指南针,一张纸。

实验步骤

① 选一个天上有朵朵白云的日子,做这个实验。

② 在室外的桌子上或地上放一张纸。

③ 把镜子放在纸的中央。

④ 用指南针确定镜子的北方,然后用笔在纸上记下镜子的北、东北、东、东南、南、西南、西、西北的位置。

⑤ 观察并记下镜子中的白云移动方向。

实验结果

镜子里的云会往一样的方向移动。

实验揭秘

在地表附近吹的风,它的移动方向和速度会受到树木或建筑物的影响。所以气象专家和气象预报员格外重视大气上层的风的相关信息。在这个实验中做的这个装置就是“测云器”。通过测云器,我们可以观测云的飘动方向而知道大气上空的风向。风向是以风吹来的方向命名的。北风就是从北方吹来的风,它是从北向南吹的。

西北
西
北
东北
西南
东南

65. 头发会告诉你空气的湿度

你将知道

头发也可以用来测量湿度。

准备材料

一瓶胶水，一支签字笔，一只大玻璃瓶，一支铅笔，一卷胶带纸，一根牙签，一根约12厘米长的直发。

实验步骤

① 用一小段胶带纸将头发的一端粘在牙签的中央。

② 拿签字笔在牙签细的一端涂上颜色。

③ 用胶带纸将头发的另一端粘在铅笔的中央。

④ 将铅笔横放在瓶口，使牙签水平悬挂在瓶内。如果牙签歪了，可以滴一小滴胶水在牙签上翘的一端，使牙签保持水平。

⑤ 将瓶子静置。

⑥ 每天观察一次牙签所指的方向，用签字笔在瓶壁记下牙签细的一端所指的方向。连着观察7天。

实验结果

牙签会改变方向。

实验揭秘

这个实验做的是一个可用来测量空气湿度的头发湿度计。湿度是空气中的水蒸气含量的指标。湿度大时，头发会伸长；湿度小时，头发会缩短。在这个实验中，头发的伸缩会拉动牙签，从而使牙签改变方向。

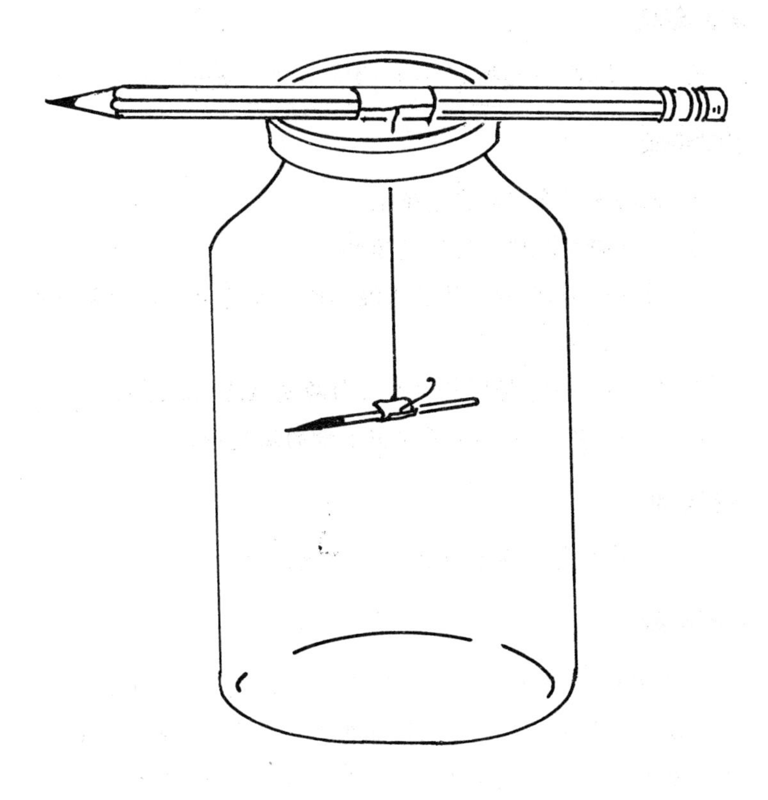

66. 用温度计也可以测量空气湿度

你将知道

干湿球湿度计是怎样测量空气的相对湿度的。

准备材料

两支温度计，一团棉球（或纱布），一台电风扇。

实验步骤

① 把两支温度计放在桌子上。

② 记下两支温度计的温度读数。

③ 用水将棉球弄湿，然后将湿棉球放在其中一支温度计的球状部位上。

④ 打开电风扇，将风平均地吹向两支温度计的球状部位。

⑤ 5 分钟以后，再记下两支温度计的温度读数。

实验结果

球状部位盖有湿棉球的温度计，温度更低。

实验揭秘

随着湿棉球上的水分蒸发，带走热量，温度计的温度跟着降低。水分蒸发越快，温度也下降得越快。干的温度计记录的是实际的室内气温。空气越干燥（即湿度越低），蒸发越快，不断地吸热，使湿球所示的温度降低，而与干球间的差距增大。相反，当空气中的水蒸气呈饱和状态（即湿度大）时，水分便不再蒸发，也不吸热，湿球和干球所示的温度，即会相等。通过比较干球、湿球两支温度计的读数差得出结果来测量湿度的仪器，就叫做干湿球湿度计。

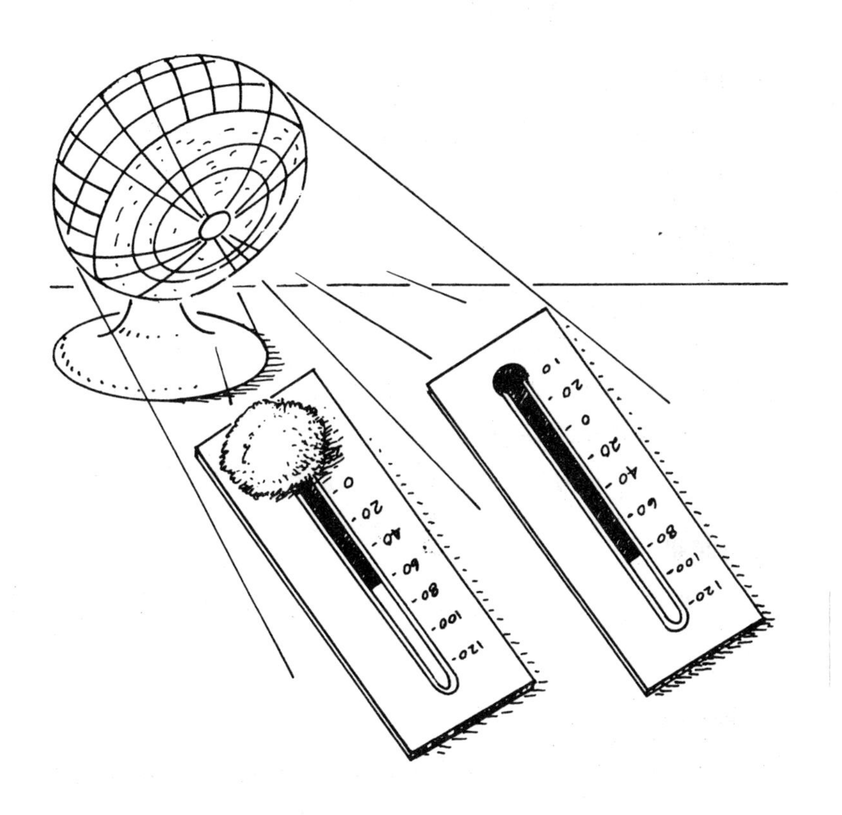

67. 盐也可以用来测量空气湿度

你将知道

怎样用盐来测量空气湿度。

准备材料

一把茶匙(5 毫升),一些食盐,一张黑纸,一把剪刀,两只碟子,一支铅笔。

实验步骤

① 把黑纸剪成碟子大小,放在碟子上。

② 在两只碟子里的黑纸上分别撒上半茶匙的食盐。

③ 在离其中一只碟子约 15 厘米的地方,用嘴朝碟子上的食盐吹气,吹两分钟左右。

④ 用铅笔将两只碟子里的盐分别推成一小堆。

实验结果

被你吹过气的食盐会结成块,而另一只碟子里的食盐则仍然是松散的。

实验揭秘

从嘴里吹出来的空气含有水蒸气。这些水蒸气会使盐粒凝结在一起。含有大量水蒸气的空气会使盐凝结。所以,当盐瓶很难撒出食盐时,就说明空气的湿度很高。

盐

68. 静电也与空气湿度有关

你将知道

静电是如何被用来测量空气湿度的。

准备材料

你的头发，一把塑料梳子。

实验步骤

① 这个实验需要分几天来做，并记录实验结果。

② 你的头发必须干净、干燥，没用过发油或发蜡等油性护发用品。

③ 用梳子梳头。

④ 请在 8 天后再做这项实验看看，要留意结果。

实验结果

梳头发有时会发出劈里啪啦的声音，而有时则不会。

实验揭秘

用塑料梳子梳头发时，头发上的电子经过摩擦会传到梳子上。当梳子上的电子通过空气又传回头发时，同种电荷相遇排斥就产生静电，并产生声波。当头发又干又冷时，就会听到劈里啪啦的声音；当头发又暖又湿时，就听不到这种声音。因为湿的头发含有很多的水分子，当电子通过空气时，这些水分子就起到了踏脚板的作用。而当空气变得干燥时，水分子的数量下降，因此当梳子上的电子返回头发时，起踏脚板作用的水分子变少，水分子之间的距离变远，要踩上这些踏脚板就需要更多的能量。所以电子就会聚集在一起，直到它们聚集的能量大到可以踩上这些踏脚板。当这些“成团”的电子穿过头发时，就会产生劈里啪啦的声音。

你知道吗？任何两种不同材质的物体接触后都会发生电荷的转移和积累，形成静电。人身上的静电主要是由衣物之间或衣物与身体的摩擦造成的，因此穿着不同材质的衣物时“带电”多少是不同的，比如穿化学纤维制成的衣物就比较容易产生静电，而棉制衣物产生的静电就较少。而且由于干燥的环境更有利于电荷的转移和积累，所以冬天人们会觉得身上的静电较大。据专业机构测算，在室内走动可能产生6000伏电压，屁股在椅子上一蹭会产生1800伏以上的电压，而听到噼啪声时已有上万伏的电压了。一般当静电电压达到2000伏时，手指就有感觉了；超过3000伏时就有火花出现，手指并有针刺似的痛感；超过7000伏时，人就有电击感。静电电压虽高，但摩擦生电的时间极短，所以电流就很小，一般不会造成生命危险。

69. 露水是怎么形成的

你将知道

地表的温度会影响露水的形成过程。

准备材料

一个时钟,一只玻璃瓶,一只大容器(能放进玻璃瓶),一些冰块,一些纸巾。

实验步骤

① 用双手紧握玻璃瓶两分钟。将手掌尽量贴在瓶壁上。

② 向玻璃瓶的表面吹气。

③ 观察玻璃瓶的表面。

④ 将容器装入一半的水,然后往水里放入4~5个冰块。

⑤ 将玻璃瓶在容器的水中放两分钟。

⑥ 取出玻璃瓶,用纸巾将玻璃瓶的外侧擦干。

⑦ 再向玻璃瓶的表面吹气。

实验结果

在室温下,向瓶子吹气,瓶子的表面会变得朦胧不清,但瓶子表面很快就会恢复原来的样子。向冰冷的瓶子吹气,其产生模糊的地方会形成小水滴。如果空气湿度很大,整个玻璃瓶都会变模糊。

实验揭秘

吹到瓶子表面的水蒸气,会在瓶子的表面液化(变成液体)成小水滴。在温度较高的瓶子上,小水滴很快就会吸收瓶子的热量蒸发成气体。而在冰冷的瓶子上,小水滴则会聚集在一起,形成较大的水滴。也就是说,温度低的物体表面会比温度高的物体表面形成更多的水滴(露珠)。如果物体表面温度相当高,空气中的水分很快就蒸发成气体,这个过程很快,所以你不会在物体表面观察到小水滴;即使空气湿度很大,水分也会很快蒸发。

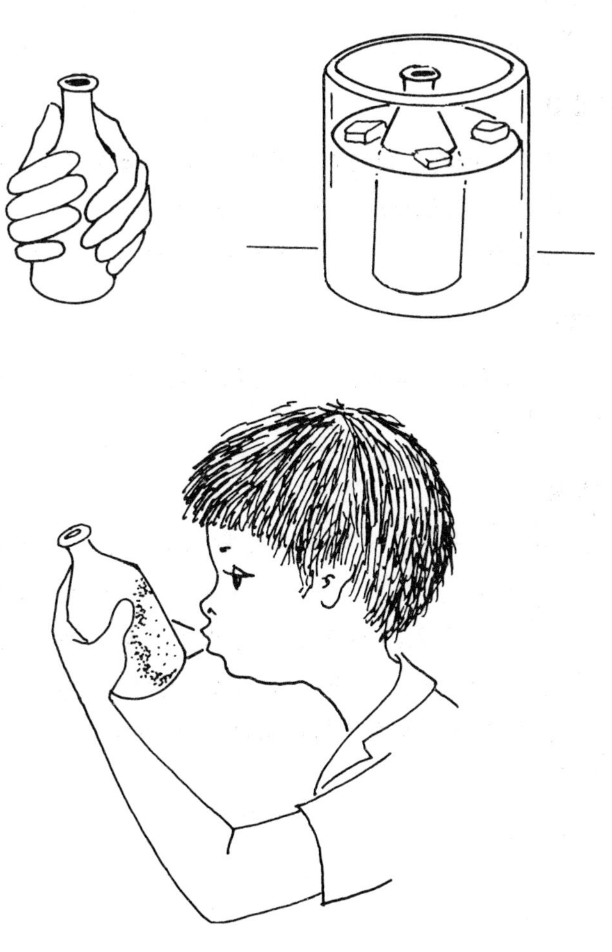

70. 露珠的形成跟物体的颜色有关吗

你将知道

颜色的深浅也会影响露点(空气饱和并产生露珠的温度)。

准备材料

一张白纸,一张黑纸。

实验步骤

① 这个实验要在晴朗无风的夜晚做,并连续做几个晚上。

② 在日落前,把两张纸放在户外的空地上。

③ 在两个小时里,每隔 20 分钟观察一次纸的状况。

实验结果

黑纸上会先凝结露珠。而在有的夜晚,只有黑纸上才会凝结露珠。

实验揭秘

露点是空气中的水汽饱和产生露珠时的温度。当物体温度下降到一定程度时,空气中的水蒸气就会在物体表面凝结形成露水。由于暗色的物体比浅色的物体更容易散热,因此黑纸的温度比白纸更快下降到露点从而形成露水。而在有的夜晚,白纸下降的温度达不到露点的温度,所以白纸上就不会凝结露珠。

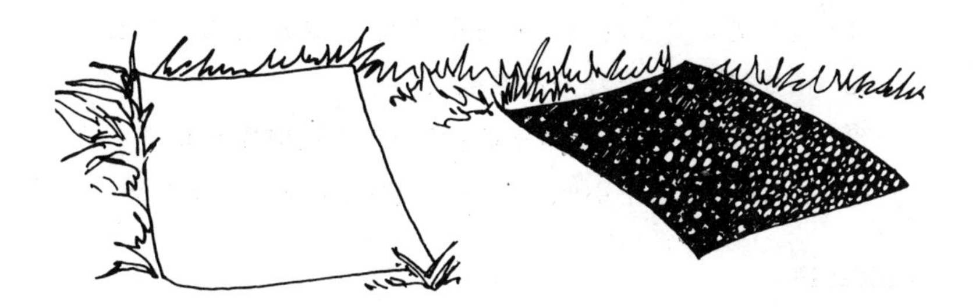

71. 露水喜欢露天

你将知道

物体上的覆盖物也会影响露水的形成。

准备材料

一把伞，两张黑纸。

实验步骤

① 这个实验要在晴朗无风的夜晚做，并连续做几个晚上。

② 在日落前，把伞打开放在地上。

③ 将一张黑纸放在伞的下面，另一张黑纸则露天放。

④ 日落后，每半个小时观察一次黑纸，连着观察两小时。

实验结果

露天放在地上的黑纸上会有露珠凝结，而伞下的黑纸却没有。

实验揭秘

空气中的水蒸气凝结成小水滴的温度，叫做“露点”。黑纸由于散热较快，温度下降也快。如果黑纸上面没有别的东西遮挡着，黑纸的热量就会迅速散发，当纸的温度下降到使空气中的水蒸气凝结时，它的表面就会形成露水。而在伞的遮挡下的黑纸，由于纸散发出来的热量，一部分会被伞吸收，一部分则会被伞反射回黑纸上。所以，在伞下的黑纸的温度就不太容易降到露点。在云层、树林以及其他物质的覆盖下，露水较难形成。

你知道吗？露水四季皆有，秋天特别多。晴朗无云的夜间，地面热量散失很快,地面气温迅速下降。温度降低,空气含水汽的能力减小,大气低层的水汽就附在草上、树叶上等,并凝成细小的水珠,即露水。露水需在大气较稳定,风小,天空晴朗少云,地面热量散失快的天气条件下才能形成。如果夜间天空有云,地面就像盖上一条棉被,热量碰到云层后,一部分折回大地,另一部分则被云层吸收,被云层吸收的这部分热量,以后又会慢慢地反射到地面,使地面的气温不容易下降,露水就难出现。如果夜间风较大,风使上下空气交流,增加近地面空气的温度,又使水汽扩散,露水也很难形成。露水对农作物很有好处,露水像雨一样,能滋润土壤,起到帮助植物生长的作用。

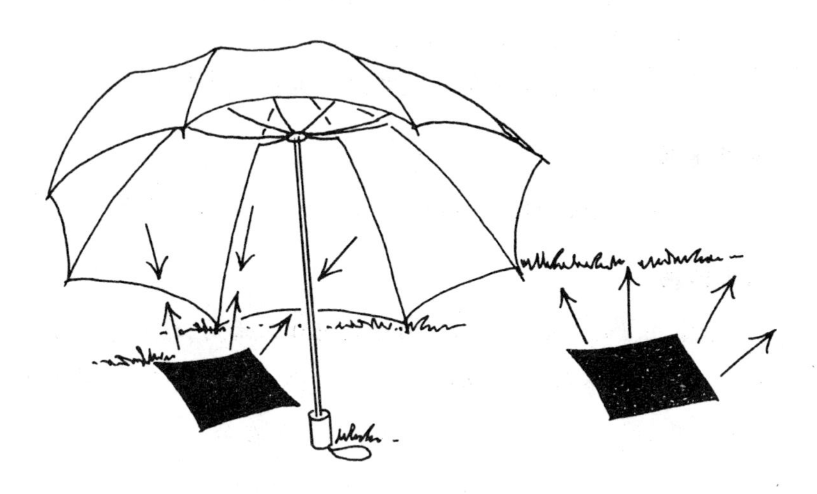

72. 怎样测量露点

你将知道

怎样测量露水形成时的温度。

准备材料

一只玻璃杯,一支温度计,一些冰块。

实验步骤

① 把冰块放入玻璃杯中。

② 往杯中加水,直到能盖住冰块为止。

③ 把温度计插入玻璃杯的冰水中。

④ 观察玻璃杯的表面,当玻璃杯的表面出现水滴时,将这时杯里的温度计的读数记下来。

⑤ 在空气湿度不同的日子,将这个实验再做几次。

实验结果

当空气湿度大的时候,杯子里的温度计的读数也变大。

实验揭秘

当空气里的水蒸气接触到冰冷的杯子表面时,水蒸气会凝结。水蒸气凝结时的温度就是露点。露点高表示空气湿度也大。

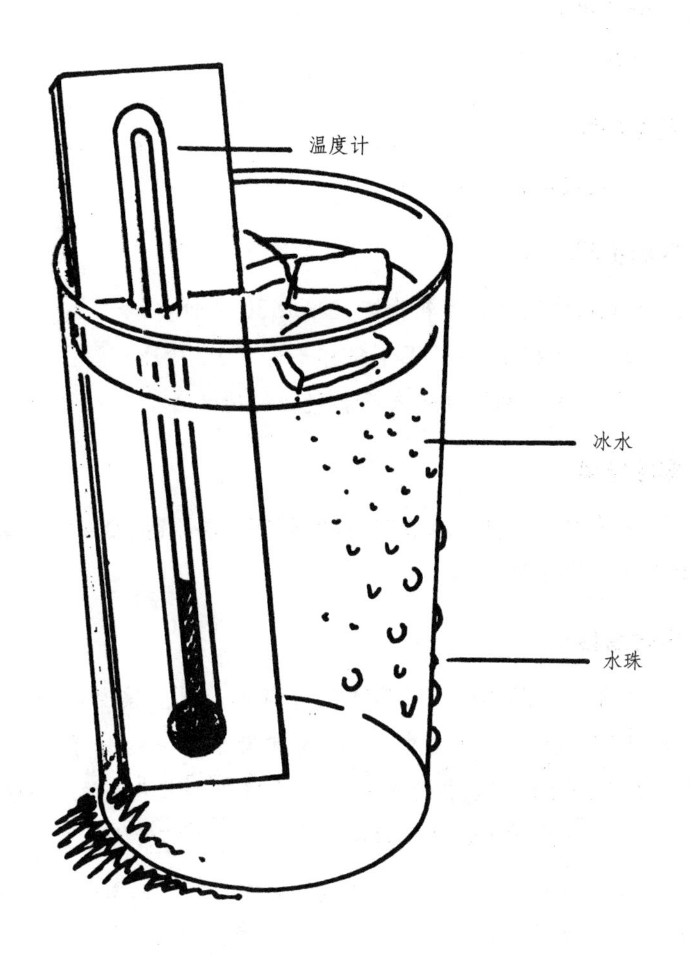
温度计
冰水
水珠

73. 霜是怎样形成的

你将知道

霜是怎样形成的。

准备材料

一只玻璃杯。

实验步骤

① 把玻璃杯在冰箱冷冻室里放30分钟。

② 拿出杯子,在室温下将杯子静置30秒钟。

③ 用手指刮擦杯子表面变模糊的地方。

实验结果

杯子看起来好像结着霜,好像是有一层很薄、很柔软的雪附着在杯子的外面。

实验揭秘

霜并不是露水结冰而形成的。当水蒸气直接变成固体,就形成了霜。在这个实验中,从冷冻室里拿出来的杯子,温度很低,所以它能使空气中的水蒸气迅速降温凝华(物质从气态不经过液态而直接变成固态的现象)成霜。人们常常把这种现象叫"下霜"。每年10月下旬,总有"霜降"这个节气。从这个实验中,我们就可以知道,霜不是从天空降下来的,而是在近地面层的空气里的水蒸气凝华形成的。

你知道吗? 凝华的实际现象有:冬夜,室内的水蒸气常在窗玻璃上凝华成冰晶;树枝上的"雾凇"。用久的电灯泡会显得黑,则是因为钨丝受热升华形成的钨蒸气又在灯泡壁上凝华成极薄的一层固态钨。

74. 雨是怎么形成的

你将知道

雨滴是怎么形成的。

准备材料

一只带盖的广口瓶(1升),一些冰块。

实验步骤

① 把水倒进瓶里,浅浅地没过瓶底。
② 把瓶盖倒放在瓶口上。
③ 在瓶盖上放3~4个冰块。
④ 观察瓶盖下方10分钟。

实验结果

瓶盖下方看起来很湿,最后会形成很多的小水珠。

实验揭秘

瓶子里的一部分水分会蒸发形成水蒸气。当这些水蒸气碰到冷的瓶盖就会凝结成小水滴。随着小水滴数量的增加,瓶盖下方就形成了小水珠。在自然界中,河水、湖水、海水等都会蒸发。当水蒸气上升到更冷的上空时,就会凝结成小水滴。天上的云就是由空气中的小水滴构成的。云中的小水滴的直径为0.002~1毫米。这些小水滴聚集在一起就会形成更大、更重的大水滴。当这些大水滴变大到空气无法支撑的时候,它们就会掉下来变成雨滴。雨滴的直径为2~6毫米。

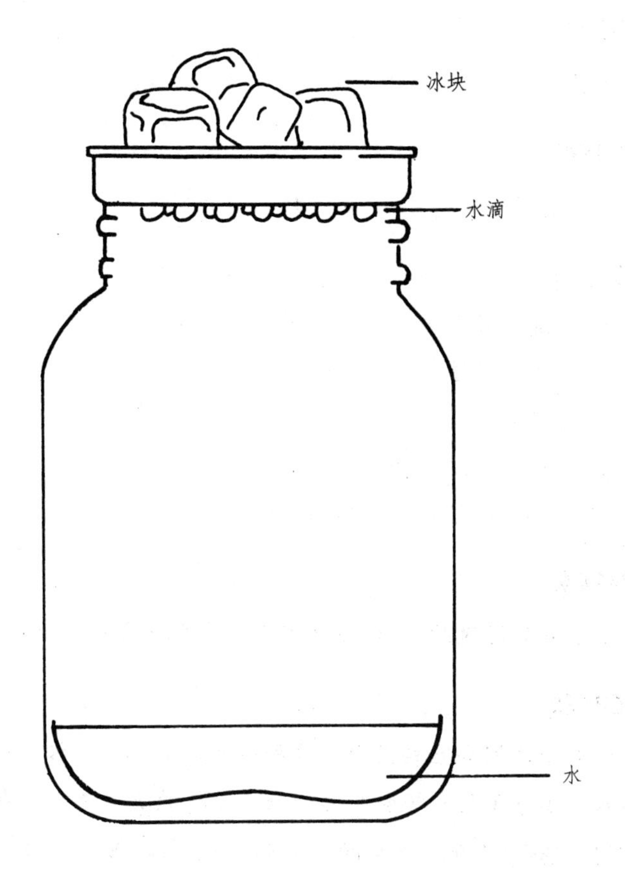
冰块
水滴
水

75. 云层中的小水滴是怎样变成大雨滴的

你将知道

云层中的小水滴是怎样变成雨滴的。

准备材料

一个透明的塑料盖(或玻璃杯),一根滴管,一支铅笔。

实验步骤

① 用滴管吸满水。
② 把盖子反过来,用手拿着。
③ 把滴管里的水一滴一滴地滴在盖子上。
④ 迅速把盖子反过来。
⑤ 用铅笔的笔尖将小水滴推在一起。

实验结果

小水滴会迅速结合,形成大水珠。大水珠会掉下来。

实验揭秘

水分子之间会互相吸引。这种引力是由于每个水分子有正负两极。水分子的正极会与另一个水分子的负极相吸。在这个实验中,当盖子(相当于云层)上的小水滴结合在一起变成更大、更重的大水珠时,就会掉下来。水滴从云中掉到地面的过程就称为下雨。

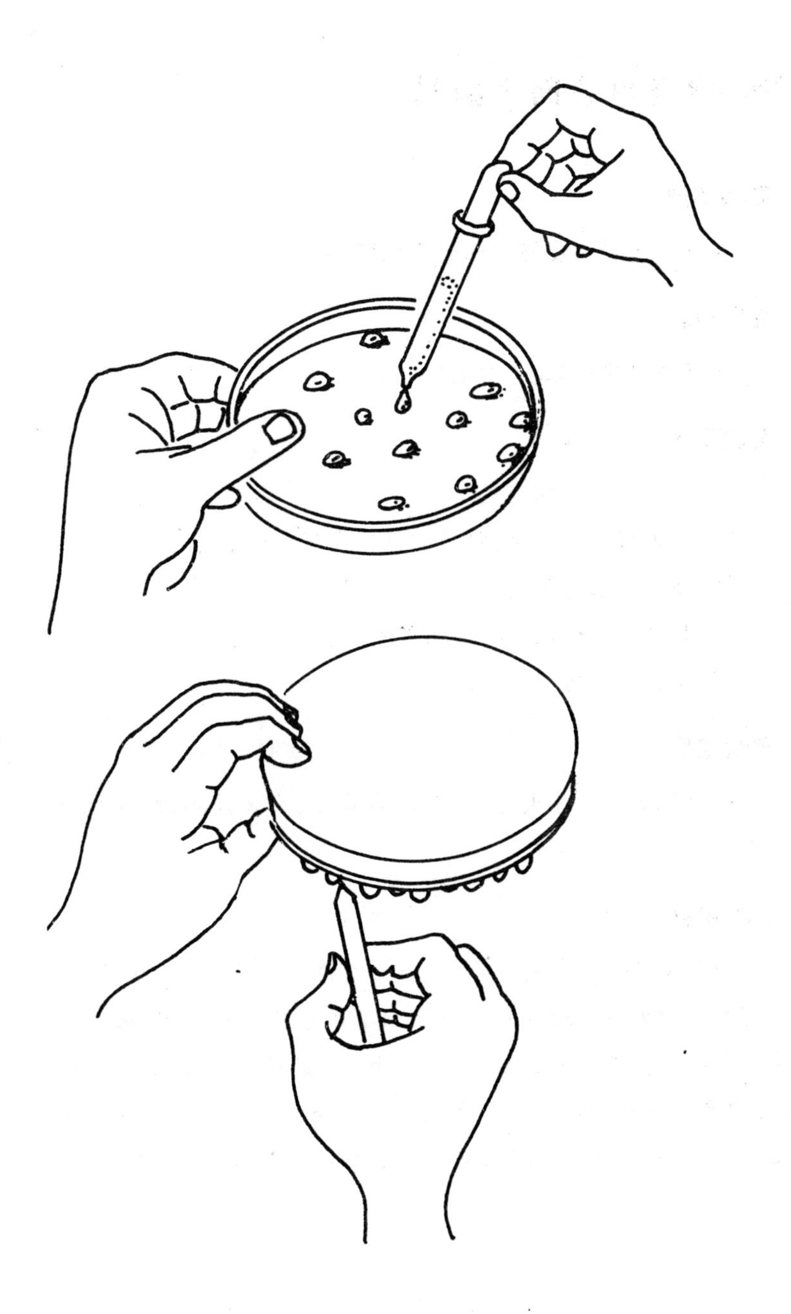

76. 雨滴也会向上飘吗

你将知道

空气的流动速度与方向会影响降雨。

准备材料

一只塑料吹气球，一台电风扇。

实验步骤

① 把塑料吹气球吹大。

② 把电风扇朝上吹，将风档转到高风档(强风)。

③ 把球放在电风扇上面。观察球的情况。

④ 将电风扇的风档转到低风档(弱风)。

⑤ 观察球的情况。

实验结果

当电风扇的风速大时，球会浮在空中；当风速小时，球就会掉下来。

实验揭秘

当电风扇的风速大时，电风扇上方的空气快速向上运动，所以有足够的力量让球浮在空中。但是由于重力的作用，球不会浮得太高。在下雷雨的时候，当上升气流的速度超过7.5米/秒时，雨滴就不会落到地上。这种气流还会将本可以成为降雨的大水滴扯碎，变成小水滴一直浮在空中。

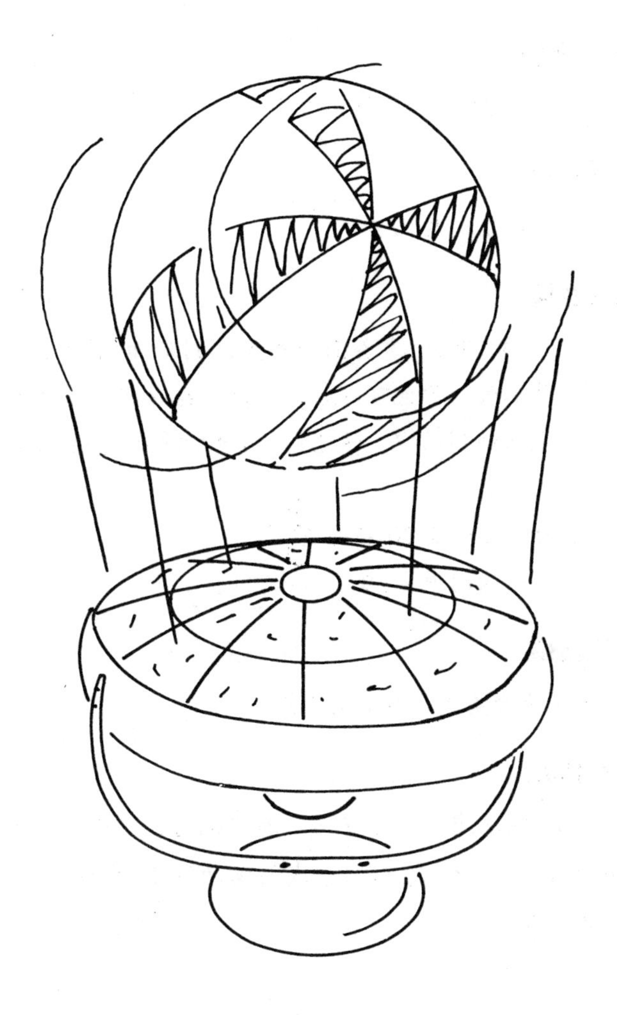

77. 雨滴是一样大的吗

你将知道

收集雨滴并比较雨滴的大小。

准备材料

一张黑纸,一把雨伞。

实验步骤

① 下雨的时候,拿着雨伞和黑纸到外面,并把黑纸拿出伞外淋雨。你也可以站在阳台或其他可以挡雨的地方,把黑纸伸到雨中。注意:在闪电打雷的时候,不要做这个实验。

② 至少要收集20滴雨滴。

③ 在干燥的地方,观察这张黑纸。

实验结果

黑纸上会有大小不等的雨点。

实验揭秘

下雨时,雨滴会有大有小。雨滴是由许多水分子结合在一起而形成的。水分子少时,形成的雨滴就小;水分子多时,形成的雨滴就大。

78. 湖水为什么会干涸

你将知道

湖水为什么会干涸。

准备材料

两只广口玻璃瓶(其中一只带盖),一卷胶带纸,一支签字笔。

实验步骤

① 把胶带纸从瓶口到瓶底垂直贴在两只瓶子的外侧。

② 往两只瓶子里分别装入半瓶水。

③ 用签字笔在胶带纸上标出水面的位置。

④ 把其中一只瓶子盖上盖子。

⑤ 将两只瓶子静置两周,然后观察瓶子水面的位置。如果瓶子水面的位置发生变化,重新标出水面的位置。

实验结果

开口的瓶子的水面位置变低;而有盖子的瓶子,水面位置不变。有盖子的瓶子有时看起来有点模糊,而且有水滴附在瓶子的内壁。

实验揭秘

靠近水面的水分子,会从水面上方的空气中吸收热量,蒸发成水蒸气。在开口的瓶子里,靠近水面的水分子也会从上方的空气中吸收热量,变成的水蒸气一部分会跑到瓶外。随着水分子变成水蒸气逃走,瓶子里的水会越来越少,所以水面会下降。

而在有盖子的瓶子里，靠近水面的水分子也会蒸发成水蒸气，但是水蒸气无法逃出瓶子。当这些水蒸气碰到冰冷的瓶子内壁时就会凝结成水。湖水或其他水体蒸发的水蒸气上升后变冷凝结成小水滴，但是这些小水滴会被风吹到别的地方。所以，如果湖水的水源来水一直少于湖水蒸发的水量，湖水慢慢地就会干涸。

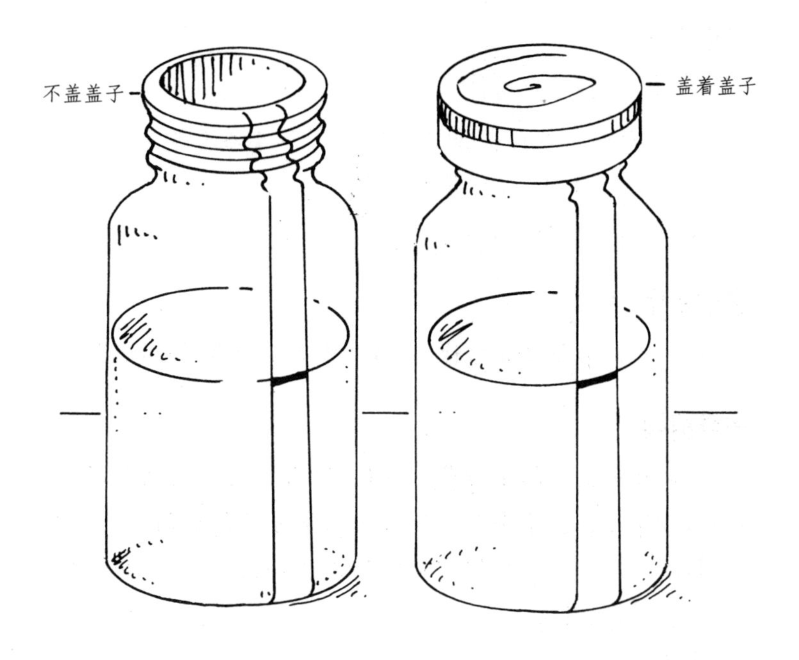

79. 雪花为什么会飘扬

你将知道

雪花为什么会在空中飘扬。

准备材料

两张笔记本大小的纸。

实验步骤

① 取一张纸,把它揉成一团。

② 一只手拿着揉成一团的纸,另一只手拿着另一张纸。

③ 同时放开手,让两张纸落下。

④ 看看哪一张纸先落地。

实验结果

揉成一团的纸会先落地,而另一张纸则会慢慢地飘落。

实验揭秘

这两张纸所受的重力是一样的,可是空气对这两张纸施加的浮力却不一样。雨滴和雪花都是由水分子组成的,但是它们的形状不一样。雨滴就像这个实验中的纸团一样,占据的空间小,所受到的空气浮力小,所以速度快,更早着地。而雪花就像这个实验中的纸片一样,由于占据的空间大,所受到的空气浮力大,下沉慢,所以就慢慢地飘落。

80. 什么是龙卷风

你将知道

低气压是怎么形成的，它有什么影响。

准备材料

两只圆气球（充满气后直径约为 23 厘米），一团棉线，一把尺子，一卷胶带纸，一支铅笔。

实验步骤

① 把两只气球都吹成苹果般大小，然后用棉线扎紧气球口，留下的棉线长约 30 厘米。

② 用胶带纸将两条棉线粘在铅笔上。调整棉线的位置，使两个气球相隔约 8 厘米。

③ 拿起铅笔，使铅笔保持水平，让气球离脸约 8 厘米。

④ 直接往气球之间吹气。

实验结果

两个气球会相互靠近。

实验揭秘

在气球之间快速流动的空气，会使气球之间的空气压力减低，而气球外侧的气压大，气球就会被外侧的气压往里推，所以它们会相互靠近。当龙卷风形成时，中心部分由于空气快速上升，形成很低的气压。因此当它经过紧闭门窗的房屋附近时，能使房屋内外产生极大的气压差（内大外小），从而使房屋的屋顶和四壁受到一个由里向外的巨大作用力。这种突然施加的内力会把屋顶掀掉，四壁倒塌，犹如从内部发生了大爆炸一样。因此，当龙卷风袭来时，最好打开门窗，使得房子内外的气压很快得到平衡。

你知道吗？

龙卷风的范围小，直径平均为200～300米；直径最小的不过几十米，只有极少数直径大的才达到1000米以上。它的寿命也很短促，往往只有几分钟到几十分钟，最多不超过几小时。其移动速度平均每秒15米，最快的可达70米，比台风的速度还要快。移动路径的长度大多在10千米，短的只有几十米，长的可达几百千米以上。它造成破坏的地面宽度，一般只有1～2千米。

龙卷风的样子很像一个巨大的漏斗或象鼻，从乌云中伸向地面。它往往来得非常迅速而突然，并伴有巨大的轰鸣声。龙卷风内部的空气很稀薄，压力很低，就像一只巨大的吸尘器，能把沿途的一切都吸到它的“漏斗”里。直到旋风的势力减弱变小或随龙卷风内的下沉气流下沉时，再把吸来的东西抛下来。因此，龙卷风有很大的破坏作用。1919年在美国的明尼苏达州，一阵龙卷风过后，有人曾观察到一根草茎刺穿了厚木板。

81. 美国为什么被称为“龙卷风之乡”

你将知道

龙卷风是怎么形成的。

准备材料

两只大的可乐瓶(两升),一卷胶带纸,一把剪刀,一支铅笔,一些纸巾,一把尺子。

实验步骤

① 将一只瓶子装上半瓶水。

② 剪一张2.5厘米×5厘米大小的胶带纸。

③ 用胶带纸盖在装水的瓶子的瓶口上。

④ 用铅笔在瓶口上的胶带纸中央穿个洞。洞的直径要比铅笔的直径大一些。

⑤ 用手指将洞的周围抚平,并将胶带纸粘好。

⑥ 把另一只瓶子倒放在装水的瓶子上。

⑦ 把两个瓶子的瓶颈部分用纸擦干净。

⑧ 用胶带纸把两只瓶子的瓶口紧紧地固定在一起。

⑨ 迅速把它们翻过来,让装水的瓶子在上面。抓住瓶颈,并迅速水平地转动瓶子。

⑩ 把装水的瓶子放在空瓶子的上面。

实验结果

上面瓶子里的水像旋涡一样旋转着流下来,水的形状很像龙卷风。

实验揭秘

水从上面的瓶子的小洞旋转着流下来时，很像是龙卷风旋转的尾巴。瓶子里的旋涡状水流和龙卷风一样，都是由几种不同的力共同作用而形成的。美国的龙卷风不仅数量多，而且强度大。所以美国又被称为“龙卷风之乡”。美国平均每天有5个龙卷风发生，每年就有1000~2000个龙卷风。美国龙卷风最多的是中西部，约有54%发生在春季。这是什么原因呢？原来美国的龙卷风，是由来自美国西部的干冷气流和来自墨西哥湾的暖湿气流相遇形成的。当这两股气流相遇时，暖空气迅速上升，冷空气迅速下降，就形成剧烈旋转的风。暖湿气流在螺旋上升的过程中，由于温度和气压变低，空气里的水蒸气会凝结成水滴，形成积雨云。由于积雨云里有大量的水滴，会遮住光线，所以我们才能看见龙卷风。由于龙卷风有巨大的吸卷力，能把海中的鱼类、粮仓里的粮食或其他带有颜色的东西吸卷到高空，然后再随暴雨降落地面，于是就形成“鱼雨”“谷雨”“豆雨”等奇怪的现象。

82. 制作迷你闪电

你将知道

雷雨天为什么会有雷鸣的声音。

准备材料

一台带天线的收音机，一只气球，你的干净头发（干燥、无油）。

实验步骤

注意：为了获得更好的实验效果，最好在空气比较干燥的时候做这个实验。

① 打开收音机，将音量尽量调小。

② 把气球吹大并扎紧。

③ 用你的头发快速摩擦气球10次。

④ 将气球靠近天线，但不要碰到天线，听听有什么声音。

实验结果

当气球靠近收音机的天线时，收音机会发出“砰”的声音。

实验揭秘

在雷雨时，收音机有时会发出噼里啪拉的声音，这是闪电引起的电波干扰而形成的，而不是广播站发射出来的。气球摩擦以后，表面聚集的电荷在靠近收音机的天线时，也会像闪电一般干扰无线电波而发出噼里啪拉的声音。闪电时所产生的电流是电熨斗工作时的电流的一万倍。

你知道吗？雷雨时，我们总是先看到闪电，后听到雷声，这是因为声音的速度是340米/秒，而光的速度是30万千米/秒，光的速度远比声音的速度快，所以总是先看到闪电后听到雷声。

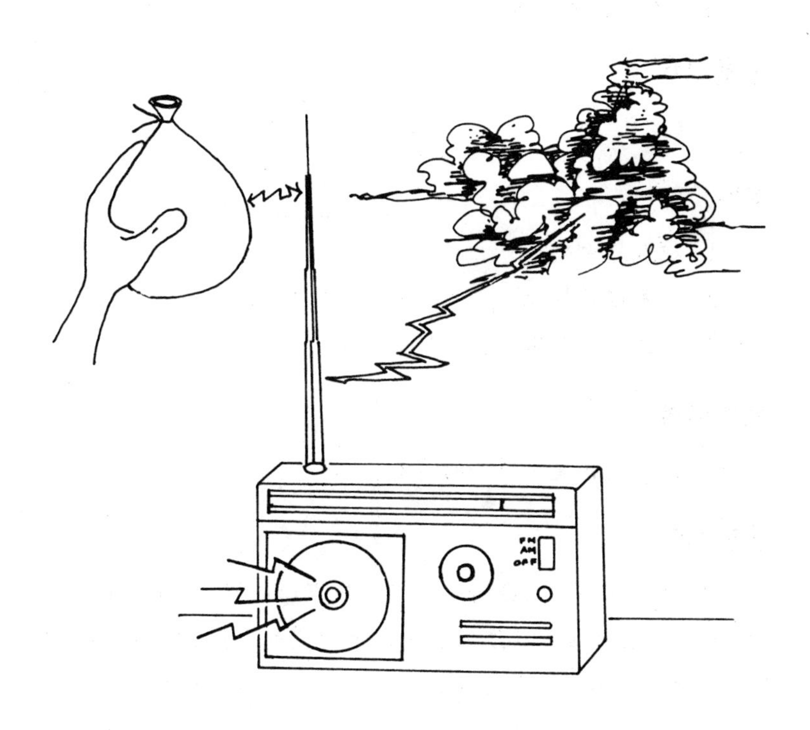

83. 闪电过后为什么会听到雷声

你将知道

雷声是怎么产生的。

准备材料

一只纸袋。

实验步骤

① 把纸袋吹鼓。

② 用手捏紧袋口。

③ 用另一只手用力拍打纸袋。

实验结果

纸袋破了,并发出很响的声音。

实验揭秘

用力拍打纸袋时,会迅速压缩纸袋里面的空气,所产生的压力就会把纸袋打破。从纸袋里冲出来的空气会把纸袋外面的空气向外推。这些被推出去的空气就会以"波"的方式运动。当这些运动的空气快速到达耳朵时,就形成了声音。雷声也是空气快速移动的结果。当闪电时,所产生的能量会迅速将周围的空气加热,被加热的空气迅速膨胀,就产生了巨大的空气波,因此就形成了雷声。

你知道吗?闪电的温度在1.7万~2.8万摄氏度,是太阳表面温度的3~5倍。闪电距离近,听到的雷声就是尖锐的爆裂声;如果闪电距离远,听到的则是隆隆声。你在看见闪电之后可以开动秒表，听到雷声后立即把它按停，然后以3来除所得的秒数，即可大致知道闪电离你有几千米。人们又将闪电叫做“千里镜”。大气层中每秒钟约发出600次闪电，其中有100次袭击地球。闪电对人类活动影响很大，尤其是建筑物、输电线网等遭其袭击，可能造成严重损失。但是闪电也有好的一面，它可将空气中的一部分氮变成氮化合物，借雨水冲下地面。一年当中，地球上每公顷的土地上都可获得几千克这种从高空来的免费肥料。

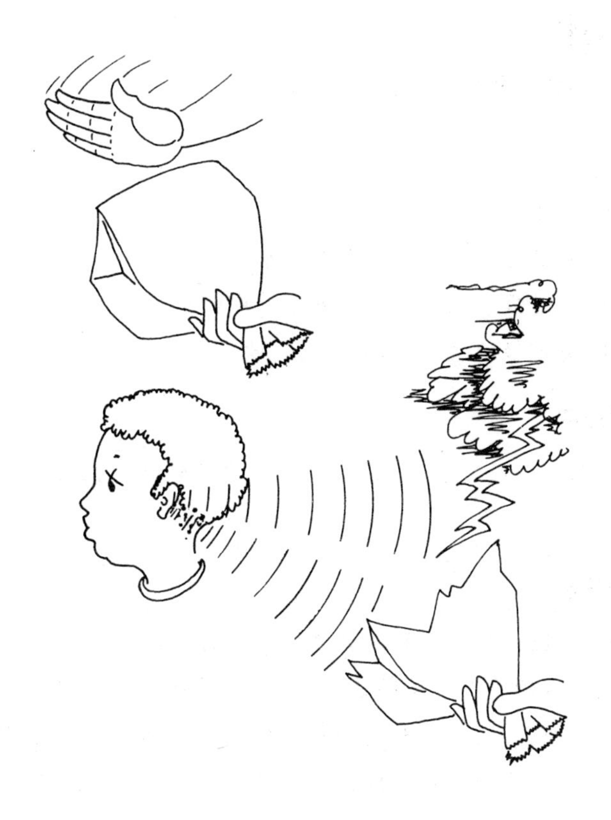

Ⅶ. 神秘的海洋

84. 波浪是怎么产生的

你将知道

波浪是怎么形成的。

准备材料

一个较浅的大盆子,一根吸管。

实验步骤

① 装半盆水。

② 将吸管的一端靠近盆中的水面。

③ 通过吸管的另一端向盆中的水面吹气。

④ 先轻轻地吹,然后再用力地吹。

实验结果

水面会形成波浪。轻轻地吹时,波浪较矮;用力地吹时,波浪较高。

实验揭秘

空气流动时,气流的能量会传到水面,形成波浪。波浪的高度取决于风的速度。风的速度越快,所携带的能量就越大。当风吹到水面上时,风的能量就会传给水面,获得能量的水面就会涌上来,形成波浪。在与风接触的水面上,水流开始以波浪的形式起伏前进。

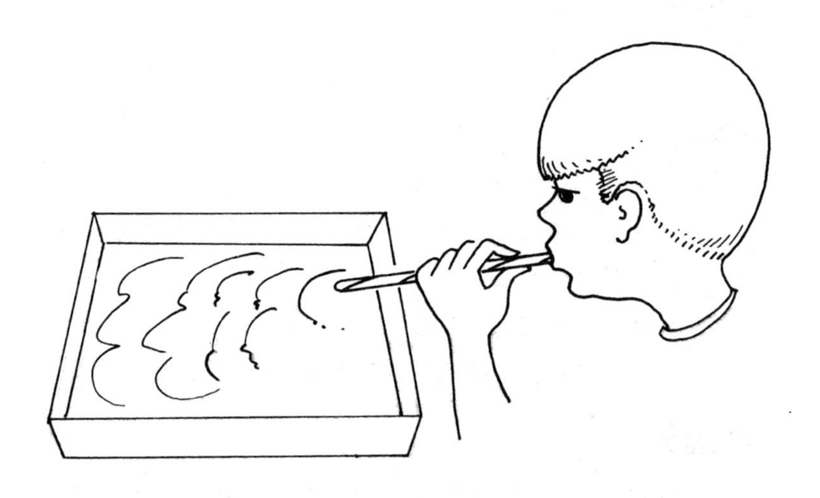

85. 原地踏步的波浪

你将知道

波浪的运动方式。

准备材料

一个塑料弹簧圈。

实验步骤

① 把塑料弹簧圈放在地上。

② 请你的同学或家人拿着弹簧圈的一端，你拿着另一端，把塑料弹簧圈拉长。

③ 把塑料弹簧圈的一端慢慢地前后晃几下。

④ 通过改变塑料弹簧圈晃动的距离来改变晃动的速度。

实验结果

起伏的“波浪”从弹簧圈的一端传到另一端。左右晃动的距离越大，“波浪”的高度就越高。

实验揭秘

上下晃动的波叫做横波。每一个波浪中，最高的部分叫波峰，最低的部分叫波谷。在这个实验中，弹簧圈是平行晃动的，它是横波的一个“平面版”，我们可以从中了解横波的形状以及它是怎么移动的。事实上，横波会从弹簧圈的一端传到另一端，但是弹簧圈只会前后移动而不会左右移动。波浪运动只是波的能量使波形向前传播，水质点并没有随波前进，这就是波浪运动的实质。开阔大洋中的波浪是由水质点的振动形成的，在波峰上，每个质点都稍稍向前移动，然后返回波谷中差不多它们原来的位置。一块浮木或软木，除非是风或海流事实上使其漂移，否则它几乎不改变位置。

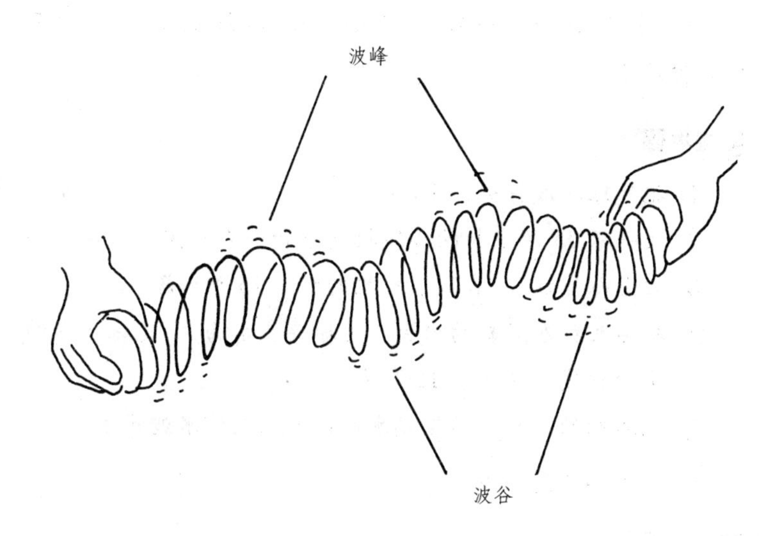

86. 水波上浮着的物体怎样运动

你将知道

波浪中的水分子是怎么运动的。

准备材料

一粒小石头，一团棉线，一只小气球，浴缸或澡盆，一把剪刀，一把尺子。

实验步骤

① 把气球吹成柠檬大小。

② 用一根45厘米长的棉线把气球和小石头捆在一起。

③ 往浴缸里注水，直到浴缸里的水有15厘米深。

④ 把石头放在浴缸的中央。气球浮在水面上，气球在水面上的棉线大约还有15厘米。

⑤ 在浴缸的一端前后拨动水面约30秒，使水波产生。

⑥ 观察气球的运动。

实验结果

气球会在水面上以圆的轨迹绕着石头转动。

实验揭秘

水波看起来好像是在前进，但水分子实际上是在以画圆圈的方式上下运动。在水波上漂浮的物体是在做圆周运动，这个圆周轨迹的直径和波的高度相等。

87. 为什么波浪会冲上岸

你将知道

波浪的能量是怎样向前传递的。

准备材料

一本书,6 颗弹珠。

实验步骤

① 将书放在水平的桌上或地上。

② 把书打开,轻轻地将 5 颗弹珠紧挨着放在书缝的中央。

③ 将剩下的那颗弹珠放在离书缝中的第一颗弹珠约 3 厘米的地方,用手将剩下的那颗弹珠弹出去,使它向前撞到书缝中的第一颗弹珠。

实验结果

弹出去的弹珠撞上第一颗弹珠时就会停下来,而 5 颗弹珠中的最后一颗则会弹出去,中间的 4 颗弹珠基本不动。

实验揭秘

用手弹出去的弹珠拥有动能。当它撞上别的弹珠时,它的动能就会转移到被撞的那一颗弹珠上,然后依次转移到后面的弹珠上。最后动能会转移到最后一颗弹珠上。由于前面没有东西挡着,所以动能会使这颗弹珠用力往前弹出去。同样的,水波虽然看起来好像是向前移动,但是这只是波的能量从一个水分子依次传到相邻的水分子上,中间的每一个水分子的位置基本不变。像最后那一颗弹珠一样,靠近海滩的水分子,它的能量由于没有水分子可传递，所以就会冲上海岸。

88. 水流的运动跟冷暖有关吗

你将知道

温度会影响水的运动。

准备材料

一些蓝色的食用色素，两只干净的玻璃杯，两只咖啡杯，一只广口瓶(1 升)，一根滴管，一些冰块。

实验步骤

① 将广口瓶装半瓶冰块，再装满水，放 5 分钟。

② 把瓶子里的冷水倒在一只咖啡杯里(倒到咖啡杯的1/4 深)。

③ 加入足量的色素，使咖啡杯里的冷水变成深蓝色。

④ 将一只玻璃杯装满热水。

⑤ 用滴管吸满深蓝色的冷水。

⑥ 把滴管的滴嘴插入玻璃杯的热水中，滴下几滴深蓝色的冷水。观察深蓝色水滴的运动情况。

⑦ 将另一只玻璃杯装满冷水。

⑧ 将另一只咖啡杯装 1/4 杯的热水，然后加入足量的色素，使咖啡杯里的热水变成深蓝色。

⑨ 用滴管吸满深蓝色的热水。

⑩ 把滴管的滴嘴插入玻璃杯的冷水中，滴下几滴深蓝色的热水。观察深蓝色水滴的运动情况。

实验结果

深蓝色的热水会在冷水中向上浮，而深蓝色的冷水在热水中则会往下沉。

实验揭秘

我们知道热胀冷缩的道理。同样的一滴水,冷水含的水分子更多,因为它需要的空间更小。也就是说,冷水密度比热水大,所以冷水会下沉;而密度小的热水更轻,所以会上浮。水流和气流一样,都会随着温度的变化而产生对流。

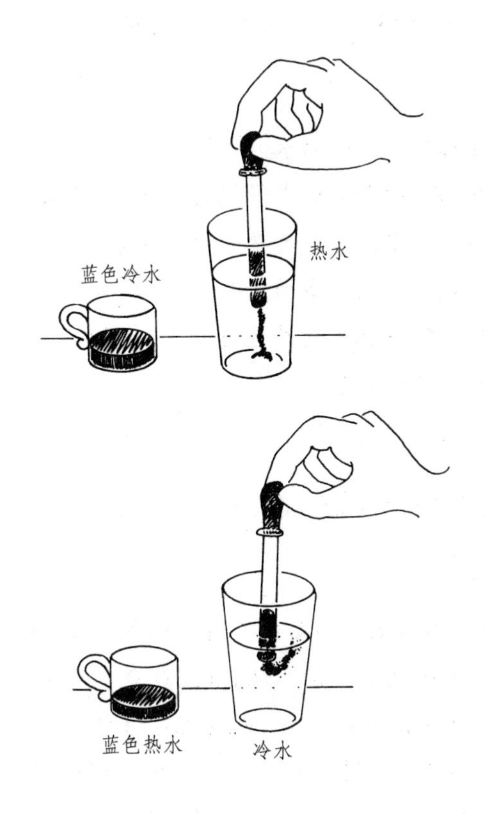

89. 浓的盐水会在下面流动

你将知道

水的密度怎样影响水的运动。

准备材料

一个长方形的玻璃汤碗(两升),一些食盐,一只量杯(250毫升),一把汤匙(15毫升),一些蓝色食用色素。

实验步骤

① 将量杯装3/4杯的水。

② 将6汤匙的食盐倒在量杯的水里,搅拌均匀。

③ 往量杯的水里加入足量的食用色素,使水变成深蓝色。

④ 将玻璃汤碗装一半的水。

⑤ 慢慢地把量杯里的蓝色盐水顺着碗的一侧,倒进碗里,同时从侧面观察。

实验结果

蓝色盐水会沉到碗底,并在水底形成波。

实验揭秘

密度流是因为海水的密度不同而形成了海水的流动。由于海水里含有盐分,当两股海水混合时,盐分多而重的海水就会在盐分少而轻的海水下面流动。密度流是海水本身的密度在水平方向上分布的差异所引起的。由于各地海水的盐度不同,引起海水密度的差异,从而导致海水流动。如地中海蒸发旺盛,盐度大,密度大,而相邻的大西洋密度小,于是大西洋表层海水经直布罗陀海峡流入地中海，形成著名的密度流。

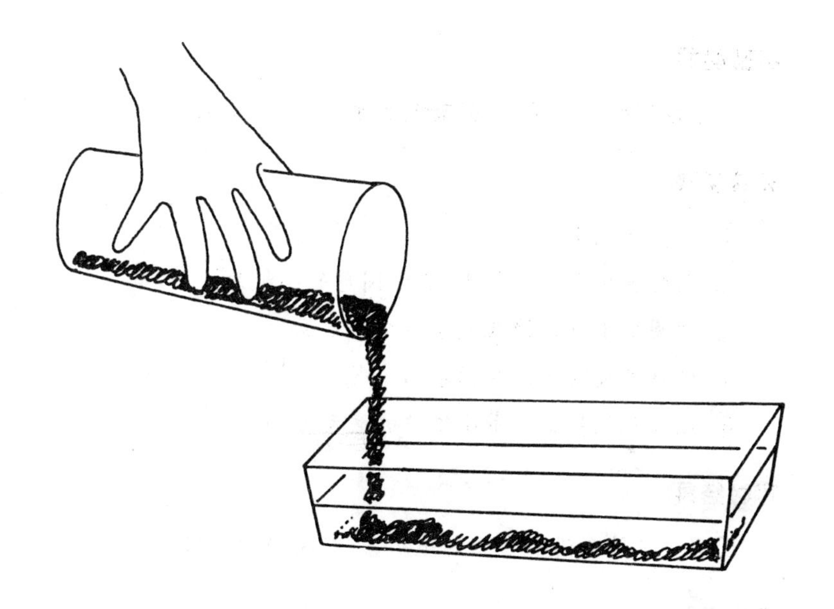

90. 风海流跟风有关吗

你将知道

风海流是因风而起的吗。

准备材料

一个方形的浅盘子,一张暗色的纸,一个打孔机。

实验步骤

① 将盘子倒满水。

② 用打孔机在纸上打下 10 张圆形的小纸片。

③ 把圆形小纸片撒在盘子左端的水面上。

④ 朝浮着圆形小纸片的水面吹气。

⑤ 边吹气边观察圆形小纸片的运动方向。

实验结果

圆形小纸片会沿着盘子的边缘,以顺时针方向移动。

实验揭秘

朝水面吹气会引起"风海流"(海水沿着海面的水平方向运动)。同一方向的风长期作用于海面所形成的稳定海流叫风海流。信风带、西风带和极地东风带的风向是比较衡定的,在海洋上,这些定向风与海洋表层水之间就会发生摩擦,通过摩擦方式,风会将一部分能量传递给表层海水,除形成波浪外,还会使表层海水发生漂移,从而形成风海流。在信风带,北半球的风海流(北赤道暖流)是按顺时针方向移动的;而在南半球,信风带的风海流(南赤道暖流)则按逆时针方向移动。此外,地球的自转、海水的温度变化、海平面的高度差异，也会影响风海流的运动。

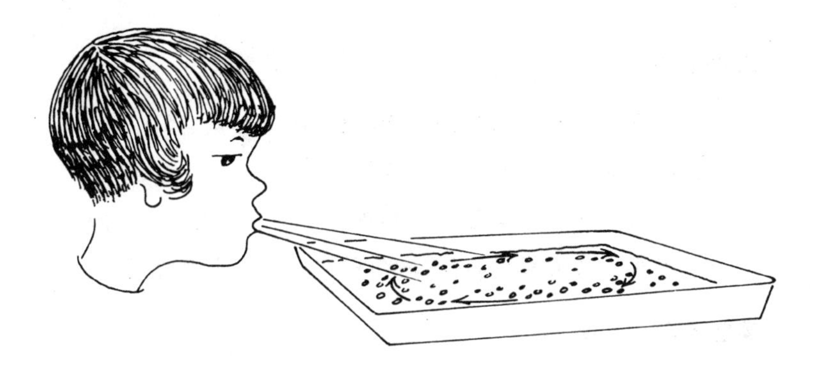

91. 地转偏向力会带来什么现象

你将知道

地球自转会对风向和水流产生什么影响。

准备材料

一张白纸，一把剪刀，一支铅笔，一把尺子，一些墨水，一根滴管。

实验步骤

① 用白纸剪出一张直径为20厘米的圆形纸片。

② 用铅笔的笔尖戳进圆形纸片的中心。

③ 用滴管在靠近铅笔的圆形纸片上滴一滴墨水。

④ 用双手夹着铅笔，以逆时针的方向轻轻旋转铅笔。

实验结果

水滴会在纸片上以顺时针方向打转。

实验揭秘

滴在纸上的墨水滴，会被旋转的纸片向外甩。地球就跟这个实验中旋转的纸片一样，当地球自转时，空气和水由于跟不上地球的自转速度，所以运动的方向会改变。在北半球，风和水流的方向会向右偏转，按顺时针方向运动；而在南半球，风和水流的方向则按逆时针方向运动。一个名叫科里奥利的法国人在1835年最先描述了这种效应，所以把这种由于地球自转而使物体的运动方向发生偏移的现象叫做“科里奥利效应”，通常也称它为地转偏向力。它发生在任何旋转的平台上，地球就是在扮演着旋转平台的角色。

你知道吗？环绕地表的远距离运动都会受到地转偏向力的影响。在第一次世界大战期间，德军用他们引以为豪的射程为113千米的大炮轰击巴黎时，懊恼地发现炮弹总是向右偏离目标。这其实就是地转偏向力的影响。但是对于近距离的运动，科里奥利力影响极小。从场地一边把篮球抛到另一边的运动员，考虑到地转偏向力的影响而需要调整自己投球的偏移量为1.3厘米。

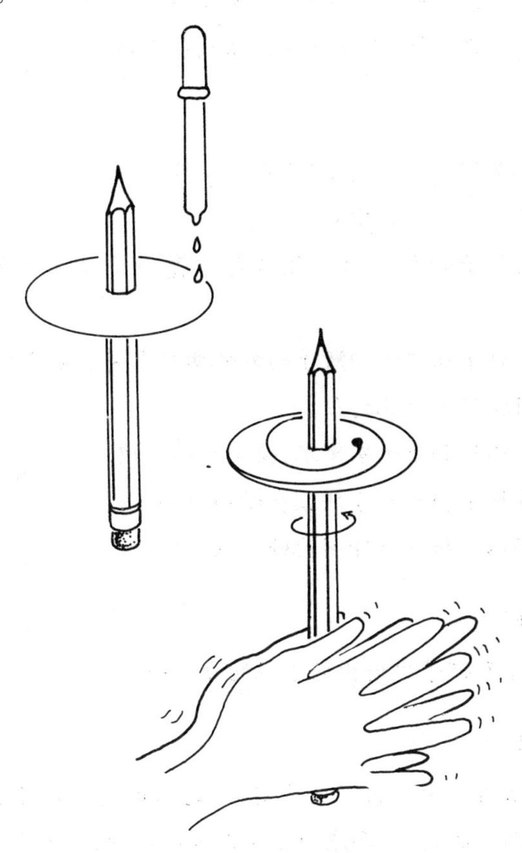

92. 越深的地方压力也越大吗

你将知道

水的压力和水的深度有关。

准备材料

一根大钉子,一卷胶带纸,一支签字笔,一把尺子,一只塑料瓶(4 升),一只纸杯(至少 9 厘米高),两张纸。

实验步骤

① 把两张纸放在桌上,分别与桌沿对齐。

② 用笔在纸张的中心做记号。

③ 在杯子和瓶子的外侧两厘米高与 7 厘米高的地方做记号。

④ 用钉子在杯子和瓶子的外侧两厘米高的地方钻孔,然后用胶带纸把孔封住。

⑤ 往杯子和瓶子中倒水,使水面高 7 厘米。

⑥ 将杯子和瓶子分别放在纸的中央。

⑦ 将杯子和瓶子外侧的胶带纸拿掉。

实验结果

从杯子和瓶子中喷出的水柱距离相等。

实验揭秘

水的压力是由水的深度决定的,与水的总体积无关。在游泳池水下两米的地方,和在海面下两米的地方,所承受的压力是一样的。水的压力是由从上面压下来的水量决定的。水越深，从上面压下来的水量越多，水底所承受的压力也就越大。

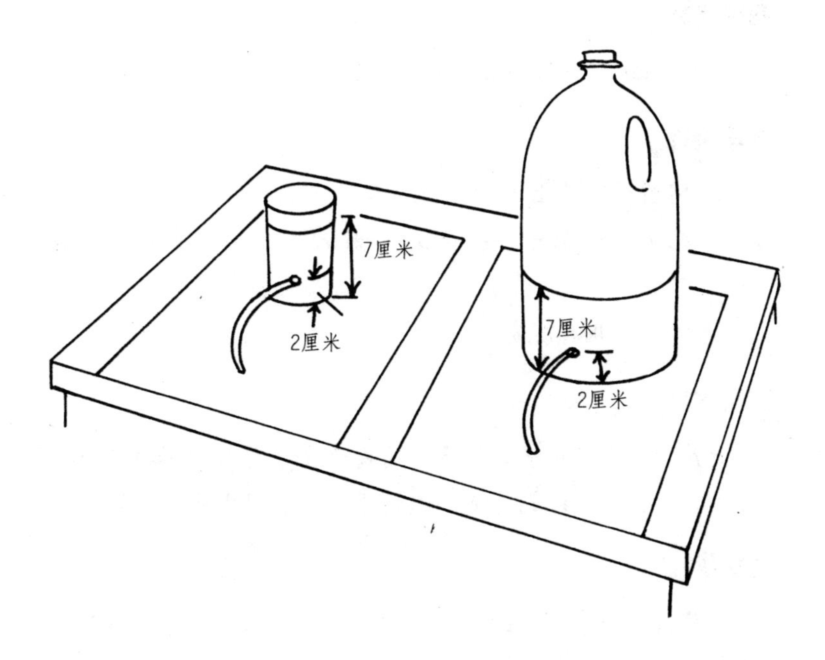

93. 潜水艇为何能在海里自由浮沉

你将知道

潜水艇能在海里下潜与上浮的原因。

准备材料

一只玻璃杯,一瓶汽水,一些葡萄干。

实验步骤

① 将玻璃杯装上3/4 杯的汽水。

② 马上把葡萄干一粒一粒地放入汽水中(放 5 粒就够了)。

③ 等一会儿再观察。

实验结果

葡萄干上会有很多的气泡。葡萄干会浮到水面,翻转过来,然后再沉到杯底。沉到杯底的葡萄干上又会冒出许多的气泡。

实验揭秘

当葡萄干的重量大过它所承受的水的浮力时,葡萄干便会沉下去。汽水中的小气泡就像是绑在葡萄干上的氢气球一样,会使葡萄干变轻而浮到水面上来。等到浮到水面的小气泡破了以后,浮力变小,葡萄干又会沉下去。葡萄干到了水底,如果聚集的气泡足够多的话,葡萄干又会浮起来。潜艇是可以待在水下的船只,它能帮助海洋学家对海面以下的部分进行调查研究。像这个实验中的葡萄干那样,潜水艇可以通过排水和吸水,来改变自身的重力和浮力,以达到下潜和上浮的目的。

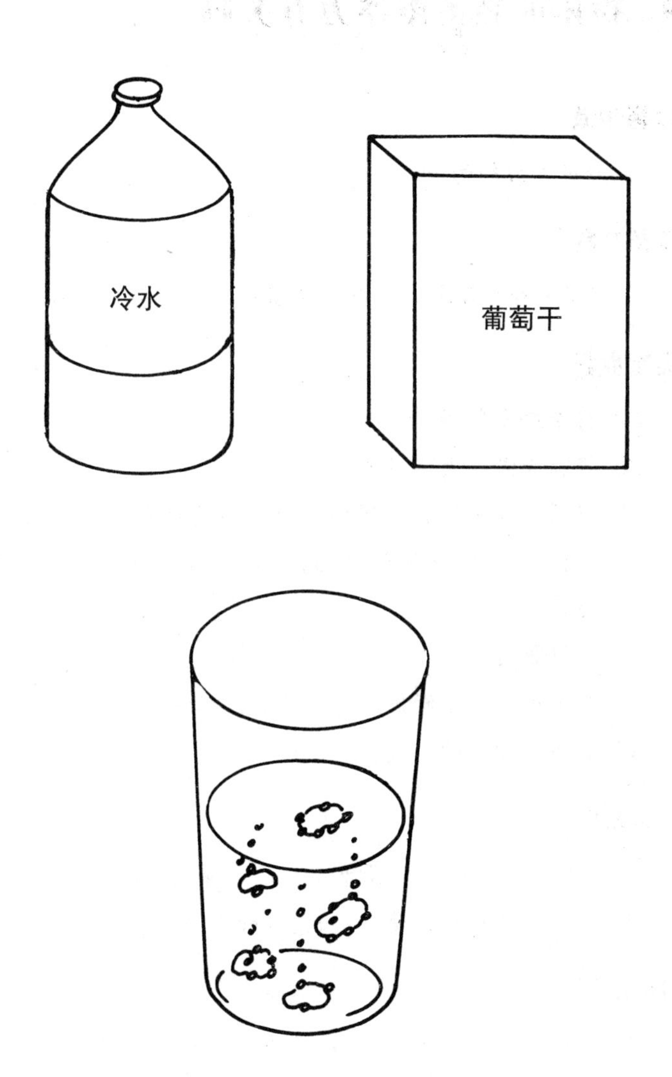
冷水
葡萄干

94. 物体的轻重跟浮力有关吗

你将知道

重力对浮力的影响。

准备材料

一只塑料瓶(两升),一根玻璃滴管。

实验步骤

① 将塑料瓶装满水。

② 将滴管吸一大半的水。

③ 把滴管放进塑料瓶里的水中。如果滴管沉下去,就把它拿出来放掉一点水,直到它悬浮在水中,不会沉下去为止。

④ 盖好瓶盖。

⑤ 双手握住瓶子两侧用力往里挤。

⑥ 观察滴管里的水量。

实验结果

双手往里挤瓶子时,滴管里的水会变多,而使滴管下沉。当放开手时,滴管里的水会变少,而使滴管上浮。

实验揭秘

用手挤压瓶子时,瓶子里的压力会加大,水就会挤进滴管里。而滴管里的水一增加,滴管的重量就会变得比浮力大,滴管就会下沉。相反地,滴管内的水变少而减轻时,滴管就会浮起来。跟这个实验中的滴管一样,潜水艇就是通过改变自身的重量来实现浮沉的。当蓄水舱里的水注满时，蓄水舱的重力大于浮力，蓄水舱就会下沉；当蓄水舱里的水排出时，它就会上浮。

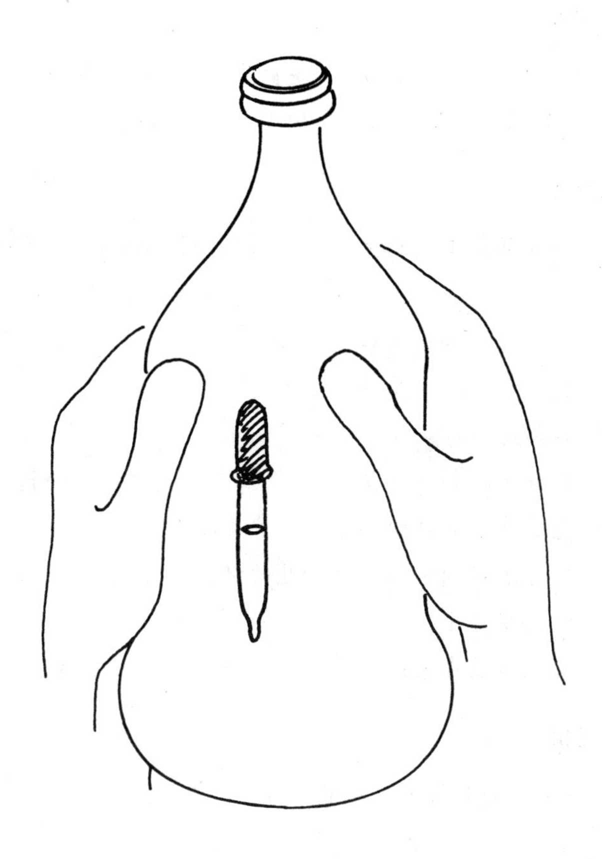

95. 海水为什么是咸的

你将知道

海水变咸的原因。

准备材料

两只纸杯，一张过滤纸，一些食盐，一些土，一把汤匙(15 毫升)，一支铅笔，一张黑纸，一块橡皮泥，一只盘子。

实验步骤

① 用铅笔的笔尖在一只纸杯的底部钻 6 个孔，然后把过滤纸放入杯里。

② 在另一只杯子里装入一汤匙土和一汤匙盐，混合均匀后倒入装有过滤纸的杯子里。

③ 将黑纸放在盘子上。

④ 用橡皮泥搓成 3 团，放在黑纸上做支撑杯子的脚。

⑤ 把装有土和盐的杯子放在橡皮泥上。

⑥ 将 3 汤匙的水洒在土和盐的混合物上，然后让水慢慢地流到黑纸上。

⑦ 把黑纸放在太阳底下晒。

实验结果

黑纸上会有盐的白色结晶。

实验揭秘

当水在盐和土的混合物中流动的时候，盐会溶于水并被水带到黑纸上。当黑纸上的水分蒸发后，盐的白色结晶就会留在纸上。在自然界当中，下雨时，雨水会把土壤中的盐分溶化，水分向低处汇集，形成小河，流入江河，最后流入大海。海水经过不断蒸发，盐的浓度就越来越高，而海洋的形成经过了漫长的岁月，海水中含有这么多的盐也就不足为奇了。

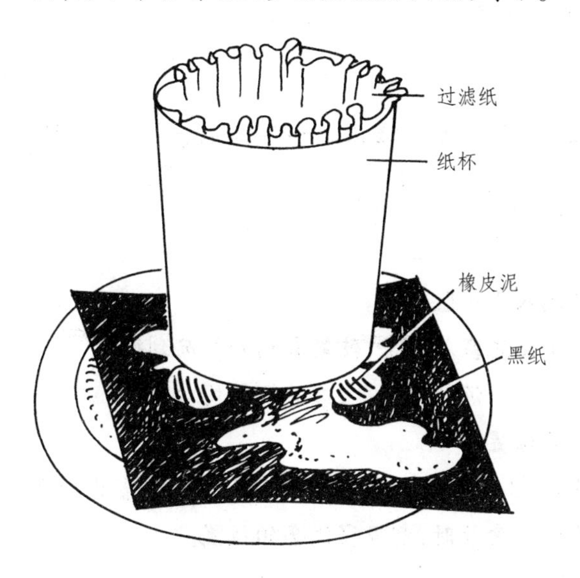

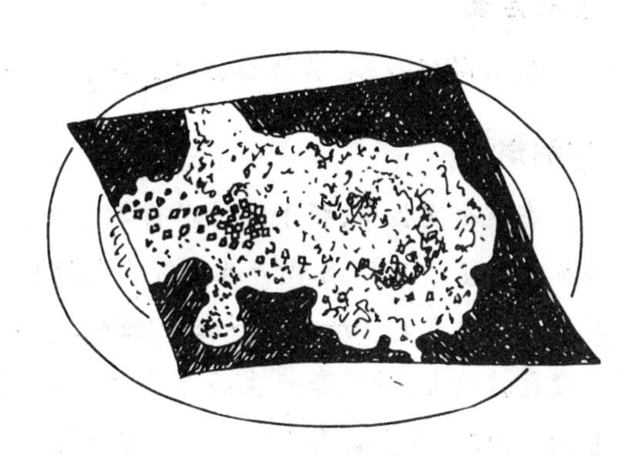

96. 如何知道海水的盐度

你将知道

怎样测量盐水的浓度。

准备材料

一只广口瓶(1 升),一块橡皮泥,一些食盐,一把汤匙(15 毫升),一个笔套。

实验步骤

① 往瓶子里倒入 3/4 瓶的水。

② 把适量的橡皮泥塞入笔套,使笔套刚好能沉到瓶底。

③ 往瓶子里倒入一汤匙的食盐,然后搅拌均匀。

④ 观察笔套的位置。

⑤ 此后每一次都往瓶子里加入一汤匙的食盐,总共加 5 次。每次加入食盐时,都观察笔套的位置。

实验结果

盐加得越多,笔套就越会往上浮。

实验揭秘

在这个实验中,瓶子里的水将笔套往上推的力就叫做浮力。当水的重量增加时,水所产生的浮力也越大。清水(不含盐的水)的密度比盐水的密度小。当水里溶解的盐分越多时,这时溶液的密度也就越大,对笔套产生的浮力也越大,当笔套的浮力大于笔套的重力时,笔套就会上浮。液体比重计是用来测量液体密度的一种仪器。在这个实验中,笔套就相当于是液体比重计。

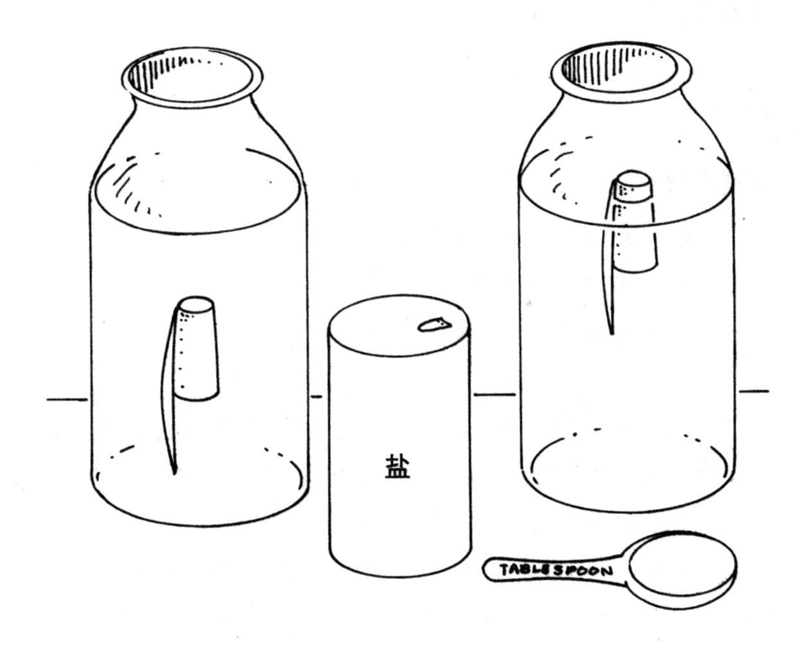
盐
TABLESPOON

97. 海水会变淡吗

你将知道

太阳的热能如何影响海水的盐度。

准备材料

一卷胶带纸，一只小碗，一只干净的塑料袋(碗能装进去)，一些食盐。

实验步骤

① 在碗底撒上薄薄的一层食盐。

② 加入半碗水，搅拌均匀。

③ 把碗放入塑料袋内，并用胶带纸将袋口绑紧。

④ 把塑料袋放在阳光下。

⑤ 24 小时以后，打开塑料袋，用手指粘一些塑料袋上(而不是碗里)凝结的液体，放进嘴里尝尝。注意：只有在你能够确定所尝的不是有害的化学物质或材料时，才可以尝；否则绝不能将实验中的任何东西放进嘴里。但这个实验是完全安全的，因为试验材料只是食盐和水。

实验结果

塑料袋上的液体跟水一样没味道。

实验揭秘

阳光会穿透塑料袋，阳光的热量会使碗里的盐水表面温度上升，这就和阳光使海水表面的温度上升一样。水分会蒸发而留下盐。由于袋口束紧，从碗里蒸发的水蒸气会在袋内凝结成纯净的水滴。从海面蒸发的水蒸气，最终会以雨水的形式降到陆地上或海里。当雨水落到陆地上时，土壤中的盐分会溶解在水里。水流汇集成小溪、江河，最终涌入大海，所以海水里的盐分只会有增无减。

你知道吗？海水是盐的“故乡”。海水中含有各种盐类，其中90%左右是氯化钠，也就是盐。另外还含有氯化镁、硫酸镁、碳酸镁等其他盐类。氯化镁是点豆腐用的卤水的主要成分，味道是苦的，因此，海水喝起来就又咸又苦了。如果把海水中的盐全部提取出来平铺在陆地上，陆地的高度可以增加153米；假如海洋里的水全都蒸发干了，海底就会积上60米厚的盐层。

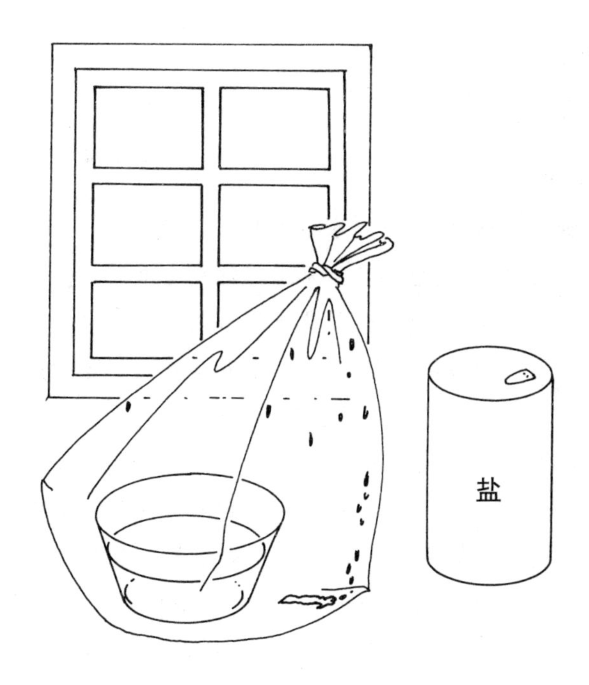

98. 如果地球上的水全都结冰

你将知道

水的一个重要的特性。

准备材料

一碗水(两升),一个冰块。

实验步骤

① 把冰块放入碗中。

② 观察冰块在水中的位置。

实验结果

冰会浮在水面上。

实验揭秘

与所有的物质一样,温度一下降,水就会开始收缩。如果水一直收缩,最终水就会变成大冰块下沉堆在水底,这就会使水中的生物无法生存。事实上,和其他物质不同的是,水不会一直收缩下去。当水温降到4摄氏度时,水就会开始膨胀,而冰则会变得比水轻。大的冰块会浮在水面,并且会成为一个绝缘体,使冰下面的水与冰上方的冷空气隔开。水的这个特性是非常特别的。如果水也跟其他物质一样会随温度下降一直收缩,那地球将是一个没有生命迹象的星球。因为海水会全部结冰,海洋生命都将消失,而且结冰的海洋(海水约占地球总水量的96.5%)会使地球的温度大幅下降,所有的生物都将无法生存。

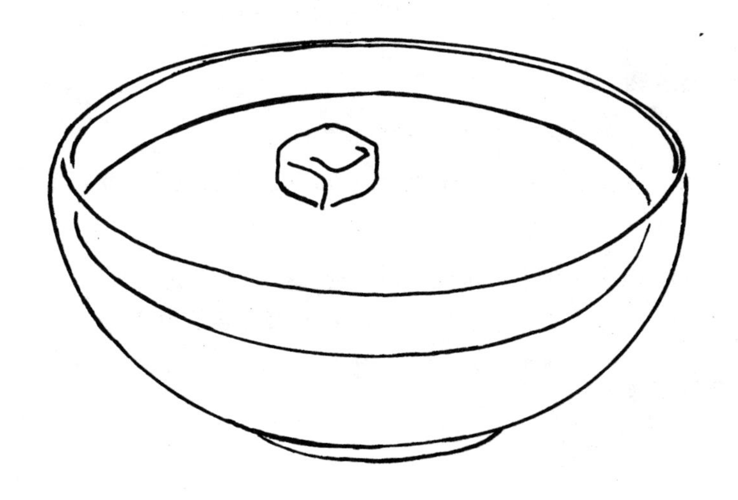

99. 北冰洋的海水为何不会全部结冰

你将知道

北冰洋为什么不会全部结冰。

准备材料

两只纸杯,一些食盐,一把汤匙(15 毫升),一支签字笔。

实验步骤

① 将两只杯子都装上半杯的水。

② 往其中的一只杯子里加入 1 汤匙食盐,然后在这只杯子上写上“盐水”。

③ 将两只杯子都放进冰箱冷冻室。

④ 24 小时以后,将两只杯子取出,观察两只杯子。

实验结果

盐水不会结冰。

实验揭秘

水在 0 摄氏度时就会结冰,但盐水却要在更低的温度下才会结冰。盐度越高,盐水结冰的温度就越低。这是因为盐水中的盐分子会阻挡水分子结合形成冰晶。但是只要温度降到一定的程度,含有盐分的海水就能结冰。当北冰洋的表面海水结冰时,留下的盐分子就会使冰下的海水变得更咸,所以就更不容易结冰。因此当北极的温度下降到 0 摄氏度时,海冰下面依然是液态的海水。

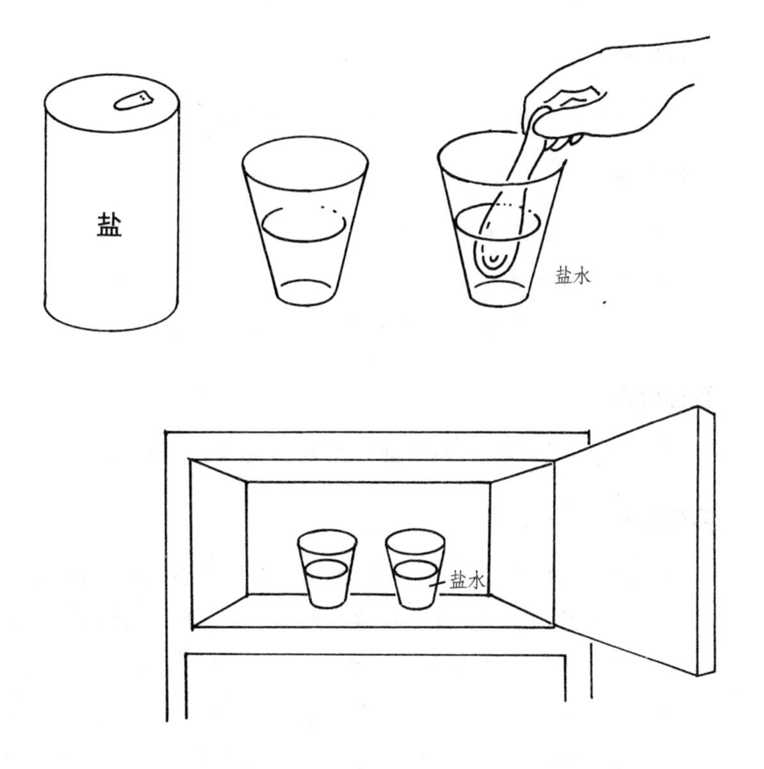
盐
盐水
盐水

100. 潮汐的大小跟海岸的形状有关吗

你将知道

海岸线的形状是怎样影响潮汐的。

准备材料

一只方形盘子,一只圆形盘子,一只浅盘子。

实验步骤

注意:这是一个户外实验。

① 把3只盘子都装满水。

② 依次将一只盘子端在前面,向前走几步。

实验结果

方形盘子里的水比其他盘子里的水更容易溢出来。

实验揭秘

凡是到过海边的人,都会看到海水有一种周期性的涨落现象:到了一定时间,海水推波逐浪,迅猛上涨,达到高潮;过一段时间,上涨的海水又自行退去,留下一片沙滩,出现低潮。如此循环重复,永不停息。海水涨落的这种周期性现象就是潮汐。所有的海洋都会受到潮汐的影响。只有在海岸线上才能看出海水涨落的不同。这个实验中不同形状的盘子就相当于是不同形状的海岸线。浅盘子的边比较浅,斜度较小;而方形盘子的形状比圆形盘子更不规则。在斜度小而浅的海岸,海水的涨落幅度很小。而在形状不规则的海岸,常会发生潮差特别大的潮汐。在加拿大东南部的芬迪湾,涨潮时潮差可达13米。

你知道吗？钱塘江大潮，以其“滔天浊浪排空来，翻江倒海山为摧”的壮观景象，吸引着无数人前往观看。它是世界著名的两大涌潮之一。钱塘江大潮主要是由杭州湾入海口的特殊地形形成的，杭州湾外宽内窄，外深内浅，是一个典型的喇叭状海湾。出海口江面宽达 100 千米，往西到澉浦，江面骤缩至 20 千米。到海宁盐官镇一带时，江面只有 3 千米宽。起潮时，宽深的湾口，一下子吞进大量海水，由于江面迅速收缩变窄变浅，夺路上涌的潮水来不及均匀上升，便都后浪推前浪，一浪更比一浪高。到大夬山附近，又遇水下巨大拦门沙坝，潮水一拥而上，掀起高耸惊人的巨涛，形成陡立的水墙，酿成初起的潮峰。“钱江潮”每日两潮，间隔约 12 小时，每天来潮往后推迟约 45 分钟，成规律地半月循环一周。潮头最高达 3.5 米，潮差可达 9 米。

101. 海面为什么会膨胀、收缩

你将知道

地球的向心力对潮汐的影响。

准备材料

一把尺子,一把剪刀,一只纸杯,一团棉线,一只量杯,一支铅笔。

实验步骤

① 用铅笔笔尖在纸杯外侧靠近杯口的地方钻两个相对的洞。

② 把约60厘米长的棉线的两端系在杯子的两个孔上。

③ 装入半杯水。

④ 拿着棉线,在头上将杯子沿水平方向挥动几圈。

注意:这个实验最好在室外无人的地方做。

实验结果

杯子会朝一边倒,但是旋转的杯子里的水不会溅出来。

实验揭秘

由于月球的引力,在地球面向月球的那一面的海水会凸出来。可是,在地球背向月球的那一面的海水也会凸出来。因为在地球背向月球的那一面的海水,一部分是由于地球的自转而凸出来的。因为物体旋转时,会产生离心力,这种离心力会使旋转的物体从旋转轴飞出去。在这个实验中,杯子里的水受到离心力的作用会向外运动,但是由于有杯底挡着,所以不会溅出来。地球绕着太阳旋转时也会产生离心力。地球绕着地轴自转,就是这种离心力作用的结果。地球旋转的结果就是使地球上的海面鼓起,这就叫做“高潮”。地心引力又会阻止海水飞到太空中去。

你知道吗? 潮汐不仅可用来发电、捕鱼、产盐及发展航运、海洋生物养殖,而且对于很多军事行动有重要影响。历史上就有许多成功利用潮汐规律而取胜的战例。